全国技工院校计算机类专业（中／高级技能层级）

Windows 10 基础与应用

实训题集

主　编　魏宝亮
主　审　盖　超

中国劳动社会保障出版社

简介

本书是全国技工院校计算机类专业教材（中/高级技能层级）《Windows 10 基础与应用》的配套实训题集。

本书按照教材的项目、任务顺序编排，根据教材讲授的知识与技能设置实训任务，具有较强的可操作性和拓展性，可帮助学生进一步巩固所学知识，锻炼实际操作技能。

完成本书中实训任务所需的相关素材可通过技工教育网（http://jg.class.com.cn）下载使用。

本书由魏宝亮任主编，李萍、国梦露、朱文娴、李伟彦、李昕参与编写，盖超任主审。

图书在版编目（CIP）数据

Windows 10 基础与应用实训题集 / 魏宝亮主编 . 北京：中国劳动社会保障出版社，2024. --（全国技工院校计算机类专业）. -- ISBN 978-7-5167-6601-9

Ⅰ. TP316.7-44

中国国家版本馆 CIP 数据核字第 2024RZ9670 号

中国劳动社会保障出版社出版发行

（北京市惠新东街 1 号　邮政编码：100029）

*

保定市中画美凯印刷有限公司印刷装订　　新华书店经销

787 毫米 ×1092 毫米　16 开本　4.75 印张　88 千字

2024 年 9 月第 1 版　　2024 年 9 月第 1 次印刷

定价：12.00 元

营销中心电话：400-606-6496

出版社网址：http://www.class.com.cn

http://jg.class.com.cn

目　录

CONTENTS

项目一
Windows 10 的基本操作

实训任务 1　Windows 10 桌面的操作

一、实训任务介绍

小王同学作为计算机新手，目前正努力掌握 Windows 10 桌面的操作方法。不过，他的桌面图标布局相当混乱，如图 1-1-1 所示。现在需要运用所学知识，协助小王重新整理桌面，具体要求如下：

➢ 在桌面上恢复缺失的“网络”图标。

➢ 调整桌面图标的大小为中等，以达到更舒适的视觉效果。

➢ 按照名称对桌面图标进行排列。

➢ 为常用的软件创建桌面快捷方式。

➢ 删除不常用的软件图标，使桌面更加简洁。

整理完成后，桌面应呈现出图 1-1-2 所示效果。通过这一系列操作，帮助小王同学提升桌面的整洁度和使用效率。

二、实训任务分析

在开始任务前，按照图 1-1-3 所示思维导图复习教材中的知识点和技能点。在本任务中，通过桌面图标的显示、大小调整、排列、删除以及桌面快捷方式的创建等对桌面进行操作。

三、实训计划制订

根据任务分析，制订完成本实训任务的实训计划，填入表 1-1-1 中。

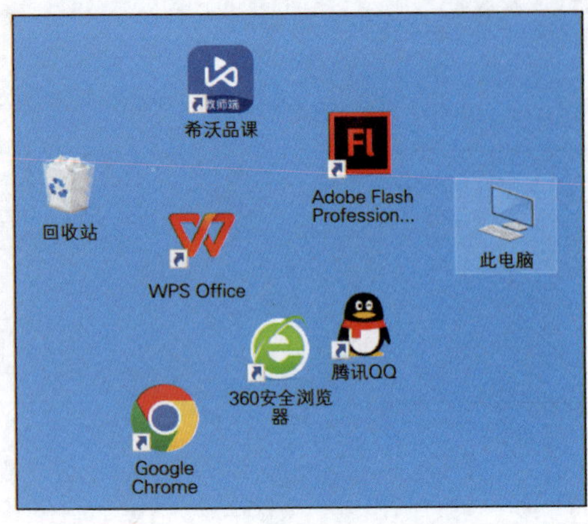

图 1-1-1　整理前的桌面

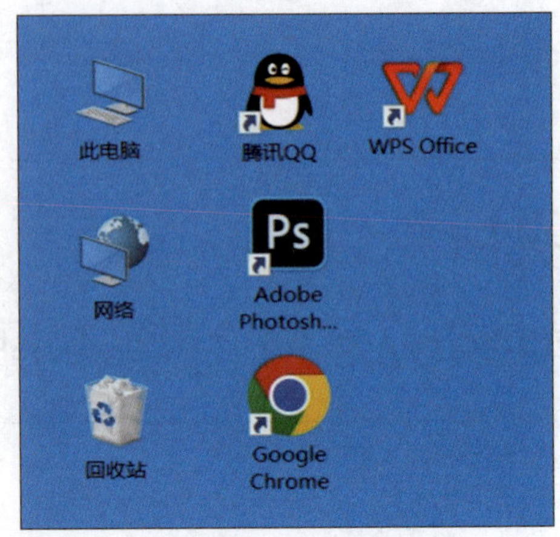

图 1-1-2　整理后的效果

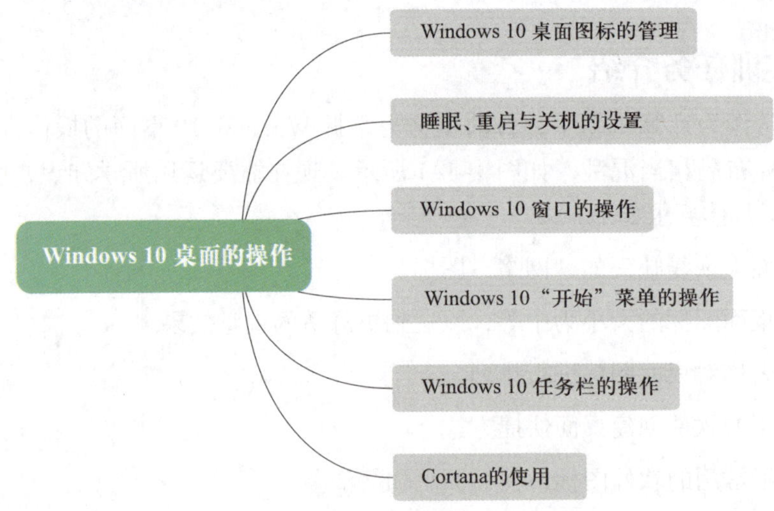

图 1-1-3　教材内容的思维导图

表 1-1-1　实训计划

序号	工作内容	所需时间

四、操作步骤提示

按照表 1–1–2 所列操作步骤提示完成本实训任务。

表 1–1–2 操作步骤提示

序号	操作步骤	内容
1	显示缺失的桌面图标	右键单击桌面的空白处，在弹出的快捷菜单中选择“个性化”→“主题”→“桌面图标设置”，在弹出的对话框中勾选“网络”复选框，单击“确定”按钮
2	调整桌面图标大小	右键单击桌面的空白处，在弹出的快捷菜单中选择“查看”→“中等图标”
3	排列桌面图标	右键单击桌面的空白处，在弹出的快捷菜单中选择“排序方式”→“名称”
4	创建桌面快捷方式	右键单击需要创建桌面快捷方式的文件、文件夹或应用程序，在弹出的快捷菜单中选择“发送到”→“桌面快捷方式”
5	删除桌面图标	右键单击需要删除的图标，在弹出的快捷菜单中选择“删除”

将实训过程中遇到的疑点、难点及相应的解决方法和心得体会记录在表 1–1–3 中，并在组内分享和讨论。

表 1–1–3 经验和心得体会记录

序号	涉及的操作步骤	经验和心得体会

五、实训评价

实训任务完成后，以适当的形式在班级内展示学习成果，交流学习心得，并归纳、总结实训中的收获，纳入思维导图。

采用学生自评、学生互评与教师评价相结合的多元评价方式，按照表 1–1–4 所列评价要求完成实训评价。

表 1-1-4　实训评价表

序号	评价要求	分值 / 分	学生自评（占比 30%）	学生互评（占比 30%）	教师评价（占比 40%）
1	对实训任务的分析准确到位	15			
2	能按要求显示桌面图标	10			
3	能按要求正确调整桌面图标大小	10			
4	能按要求对桌面图标进行排列	10			
5	能创建桌面快捷方式	15			
6	能删除不常用的桌面图标	20			
7	能正确展示及解说学习成果	20			
综合得分		100			

六、实训拓展

从“开始”菜单中，为应用程序 Adobe Dreamweaver 2021 创建桌面快捷方式，如图 1-1-4 所示。

图 1-1-4　创建桌面快捷方式

七、知识巩固与提高

1. 下列关于桌面图标的描述中，正确的是（　　）。

A. 桌面图标只能表示应用程序，不能表示文件

B. 桌面图标可以被自由拖动和排列

C. 桌面图标只能是一种图像，不可更改

D. 以上选项都对

2. 在 Windows 10 的窗口中，(　　) 通常显示窗口的名称，并允许用户进行最小化、最大化和关闭窗口等操作。

A. 菜单栏　　B. 功能区

C. 标题栏　　D. 窗口工作区

3. 在 Windows 10 中，可以最小化所有打开的窗口并返回桌面的组合键是 (　　) 键。

A. Ctrl+D　　B. Win+D　　C. Alt+D　　D. Shift+D

4. 桌面图标可以按照 (　　) 进行排列。

A. 名称　　B. 修改日期　　C. 项目类型　　D. 以上选项都对

5. Windows 10 的 (　　) 模式是一种省电模式，它允许计算机在不关闭任何文件或程序的情况下进入低功耗状态，以便更快地恢复正常功能。

A. 睡眠　　B. 重启　　C. 关机　　D. 注销

实训任务 2　Windows 10 的安装

一、实训任务介绍

在某计算机维修公司，工程师从经理处接受一项维修任务，将某公司计算机的操作系统全部更换为 Windows 10，以提高系统的安全性能。要求工程师在 30 min 内，根据客户需求安装 Windows 10 专业版。

二、实训任务分析

在开始任务前，按照图 1-2-1 所示思维导图复习教材中的知识点和技能点。在本任务中，应精准把握 U 盘启动盘的插入和退出时机。

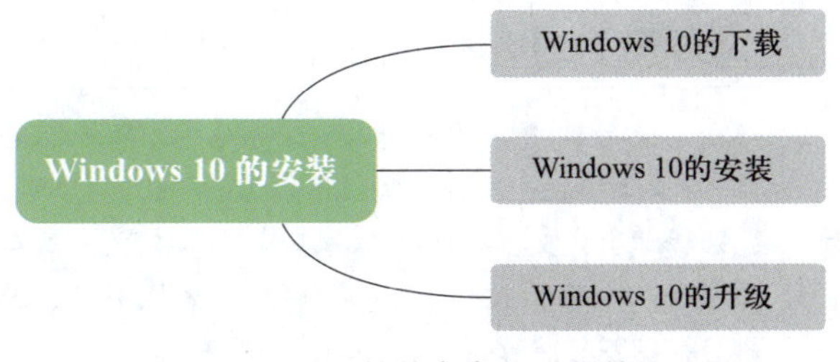

图 1-2-1　教材内容的思维导图

三、实训计划制订

根据任务分析，制订完成本实训任务的实训计划，填入表1-2-1中。

表1-2-1　实训计划

序号	工作内容	所需时间

四、操作步骤提示

按照表1-2-2所列操作步骤提示完成本实训任务。

表1-2-2　操作步骤提示

序号	操作步骤	内容
1	制作U盘启动盘	打开浏览器，访问微软官网，找到Windows 10操作系统，单击“立即下载工具”按钮，下载Windows 10官方安装工具，运行下载的工具，单击“接受”按钮同意相关许可条款后等待程序运行，选中“为另一台电脑创建安装介质（U盘、DVD或ISO文件）”单选按钮，选择“语言”为“中文（简体）”、“版本”为“Windows 10”、“体系结构”为“64位（x64）”，单击“下一步”按钮，选中“U盘”单选按钮，单击“下一步”按钮，选择可移动驱动器，单击“下一步”按钮，根据提示完成U盘启动盘的制作
2	进入BIOS界面	把制作好的U盘启动盘插入计算机，并重启计算机，计算机启动时，在BIOS界面中设置让计算机从U盘启动盘启动，进入“Windows安装程序”窗口后，选择语言、时间和货币格式、键盘和输入方法，单击“下一步”按钮，再单击“现在安装”按钮，开始安装Windows 10
3	安装操作系统	在安装过程中，需要输入Windows 10的产品密钥，输入完成后单击“下一步”按钮，选择“Windows 10专业版”，单击“下一步”按钮。首先选择“自定义：仅安装Windows（高级）”，然后选择安装Windows 10的硬盘和分区，在Windows 10的安装完成后，计算机将自动重启，重启后根据提示完成Windows 10的设置

将实训过程中遇到的疑点、难点及相应的解决方法和心得体会记录在表 1–2–3 中，并在组内分享和讨论。

表 1–2–3　经验和心得体会记录

序号	涉及的操作步骤	经验和心得体会

五、实训评价

实训任务完成后，以适当的形式在班级内展示学习成果，交流学习心得，并归纳、总结实训中的收获，纳入思维导图。

采用学生自评、学生互评与教师评价相结合的多元评价方式，按照表 1–2–4 所列评价要求完成实训评价。

表 1–2–4　实训评价表

序号	评价要求	分值 / 分	学生自评（占比 30%）	学生互评（占比 30%）	教师评价（占比 40%）
1	对实训任务的分析准确到位	20			
2	能制作 U 盘启动盘	20			
3	能进入 BIOS 界面	20			
4	能正确安装操作系统	20			
5	能正确展示及解说学习成果	20			
综合得分		100			

六、实训拓展

在安装 Windows 10 时可能遇到哪些常见问题？如何诊断和解决这些问题？

七、知识巩固与提高

1. 在升级 Windows 10 的过程中，（　　）是至关重要的，以确保升级过程能顺利进行。

A. 断开网络连接　　B. 频繁重启计算机

C. 保持网络连接和电源连接的稳定　　D. 卸载所有已安装的应用程序

2. Windows 10（　　）版适合普通家庭用户使用。

A. 企业　　B. 教育　　C. 家庭　　D. 专业

3. 为 Windows 10 升级最简便的方式是（　　）。

A. 通过第三方软件下载升级包进行升级　　B. 通过“Windows 更新”功能升级

C. 手动下载 ISO 文件进行升级　　D. 重装整个操作系统以完成升级

4. 下列关于 Windows 10 专业版的描述中，正确的是（　　）。

A. Windows 10 专业版与 Windows 10 家庭版功能完全相同

B. Windows 10 专业版不支持 BitLocker 加密

C. Windows 10 专业版提供远程连接功能

D. Windows 10 专业版主要针对普通家庭用户设计

5. 在安装 Windows 10 专业版之前，通常需要在 BIOS 界面中设置（　　），以确保从正确的设备启动。

A. 系统时间　　B. 启动顺序　　C. 系统语言　　D. 安全启动

项目二
Windows 10 工作环境的配置

实训任务 1　桌面的个性化设置

一、实训任务介绍

某公司新购置了一批计算机，并计划对其桌面进行标准化定制，定制要求如下：在桌面上统一放置“此电脑”“回收站”和“网络”图标，以便员工快速访问常用功能；同时，为体现公司形象，需将桌面背景更换为公司文化图片（素材），并选用浅色作为桌面颜色，以营造清新舒适的视觉体验。本任务须在 10 min 内高效完成，确保最终效果与图 2-1-1 所示一致，从而为公司员工提供一个统一且具有企业特色的桌面环境。

图 2-1-1　桌面个性化设置的效果

二、实训任务分析

在开始任务前，按照图 2-1-2 所示思维导图复习教材中的知识点和技能点。在本任务中，通过设置桌面图标、背景、颜色等，完成对公司计算机桌面的个性化设置。

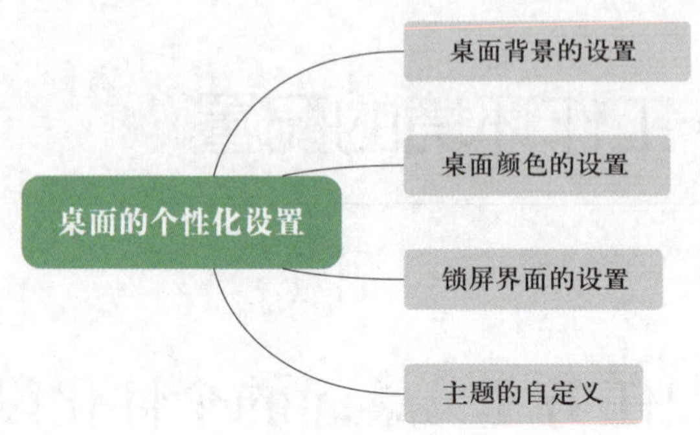

图 2-1-2　教材内容的思维导图

三、实训计划制订

根据任务分析，制订完成本实训任务的实训计划，填入表 2-1-1 中。

表 2-1-1　实训计划

序号	工作内容	所需时间

四、操作步骤提示

按照表 2-1-2 所列操作步骤提示完成本实训任务。

表 2-1-2　操作步骤提示

序号	操作步骤	内容
1	更改桌面图标	右键单击桌面的空白处，在弹出的快捷菜单中选择“个性化”→“主题”→“桌面图标设置”，在弹出的对话框中勾选“网络”复选框，单击“更改图标”按钮，选择合适的图标样式即可。用同样的方法对“计算机”“回收站”图标进行设置

续表

序号	操作步骤	内容
2	设置桌面背景	右键单击桌面的空白处，在弹出的快捷菜单中选择“个性化”→“背景”，在“背景”下拉列表中选择“图片”，单击“浏览”按钮，选择公司文化图片作为背景
3	设置桌面颜色	右键单击桌面的空白处，在弹出的快捷菜单中选择“个性化”→“颜色”，在“选择颜色”下拉列表中选择“浅色”

将实训过程中遇到的疑点、难点及相应的解决方法和心得体会记录在表 2–1–3 中，并在组内分享和讨论。

表 2–1–3 经验和心得体会记录

序号	涉及的操作步骤	经验和心得体会

五、实训评价

实训任务完成后，以适当的形式在班级内展示学习成果，交流学习心得，并归纳、总结实训中的收获，纳入思维导图。

采用学生自评、学生互评与教师评价相结合的多元评价方式，按照表 2–1–4 所列评价要求完成实训评价。

表 2–1–4 实训评价表

序号	评价要求	分值 / 分	学生自评（占比 30%）	学生互评（占比 30%）	教师评价（占比 40%）
1	对实训任务的分析准确到位	20			
2	能正确更改桌面图标	20			
3	能正确设置桌面背景	20			
4	能正确设置桌面颜色	20			
5	能正确展示及解说学习成果	20			
综合得分		100			

六、实训拓展

在 Windows 10 中设置桌面颜色为深色，在桌面上显示“此电脑”“回收站”以及“用户的文件”图标，如图 2-1-3 所示。

图 2-1-3　Windows 10 桌面样式的设置

七、知识巩固与提高

1. Windows 10 的桌面背景不可以设置为（　　）。

A. 视频　　B. 图片

C. 幻灯片放映　　D. 纯色

2. 对 Windows 10 桌面背景进行设置可以通过（　　）。

A. 右键单击“开始”菜单，选择“个性化”

B. 右键单击“此电脑”图标，选择“个性化”

C. 右键单击桌面的空白处，选择“个性化”

D. 右键单击任务栏的空白处，选择“个性化”

3. Windows 10 主题的自定义内容不包括（　　）。

A. 桌面背景　　B. 标题栏颜色

C. 声音　　D. 分辨率

4. Windows 10 锁屏界面设置中的“背景”不包括（ ）。

A. Windows 聚焦　　B. 幻灯片放映

C. 图片　　D. 视频

实训任务 2　用户账户的配置和管理

一、实训任务介绍

在某科技公司，桌面运维工程师从组长处接受了一项关键任务。这项任务要求为新入职的员工分配 Windows 10 的本地账户，配置默认密码为“xx123456”，并设置个性化的头像。此外，工程师还需要负责审核并管理计算机上所有的用户账户，根据需要对用户账户头像进行更新，并及时注销已离职员工的账户，以确保系统用户账户管理的规范性和安全性。

二、实训任务分析

在开始任务前，按照图 2-2-1 所示思维导图复习教材中的知识点和技能点。在本任务中，应注意对用户账户进行配置和管理的方法与技巧，确保所有操作准确无误，避免出现导致用户无法正常使用计算机或造成安全风险的问题。

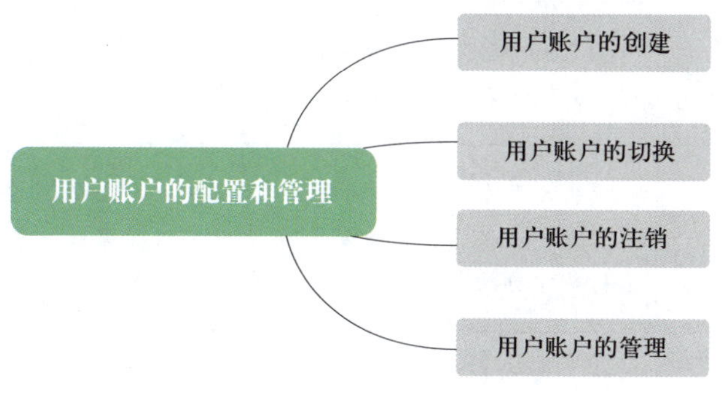

图 2-2-1　教材内容的思维导图

三、实训计划制订

根据任务分析，制订完成本实训任务的实训计划，填入表 2-2-1 中。

表 2-2-1 实训计划

序号	工作内容	所需时间

四、操作步骤提示

按照表 2-2-2 所列操作步骤提示完成本实训任务。

表 2-2-2 操作步骤提示

序号	操作步骤	内容
1	创建本地账户	单击桌面左下角的“开始”菜单图标→“设置”按钮→“账户→“家庭和其他用户”→“将其他人添加到这台电脑”→“我没有这个人的登录信息”→“下一步”按钮。单击“同意并继续”按钮，单击“添加一个没有 Microsoft 账户的用户”→“下一步”按钮。输入本地账户的用户名和密码，再次确认密码后单击“下一步”按钮，完成本地账户的创建
2	切换用户账户	按 Ctrl+Alt+Del 组合键进入安全选项界面，单击“切换用户”，选择用户并输入密码，按 Enter 键完成切换
3	更改用户账户头像	单击桌面左下角的“开始”菜单图标→“设置”按钮→“账户”→“账户信息”，在“账户信息”中单击“从现有图片中选择”或“摄像头”进行头像更改即可
4	注销用户账户	单击桌面左下角的“开始”菜单图标，找到并单击当前登录用户账户的头像或名称，在弹出的菜单中选择“注销”

将实训过程中遇到的疑点、难点及相应的解决方法和心得体会记录在表 2-2-3 中，并在组内分享和讨论。

表 2-2-3　经验和心得体会记录

序号	涉及的操作步骤	经验和心得体会

五、实训评价

实训任务完成后，以适当的形式在班级内展示学习成果，交流学习心得，并归纳、总结实训中的收获，纳入思维导图。

采用学生自评、学生互评与教师评价相结合的多元评价方式，按照表 2-2-4 所列评价要求完成实训评价。

表 2-2-4　实训评价表

序号	评价要求	分值 / 分	学生自评（占比 30%）	学生互评（占比 30%）	教师评价（占比 40%）
1	对实训任务的分析准确到位	15			
2	能使用正确的方法创建本地账户并设置密码	20			
3	能正确切换用户账户并进行登录	20			
4	能正确更改用户账户的头像	15			
5	能正确注销用户账户	10			
6	能正确展示及解说学习成果	20			
综合得分		100			

六、实训拓展

在 Windows 10 中添加一个 Microsoft 账户，以自己的姓名注册一个 Outlook 邮箱账户，并将其与 Microsoft 账户关联，设置 Microsoft 账户的密码为“123456PIN”，并使用图 2-2-2 所示素材图片设置头像，使 Microsoft 账户更加具有个人特色。

图 2-2-2 素材图片

七、知识巩固与提高

1. 下列关于 Windows 10 中本地账户的说法中，正确的是（　　）。

A. 本地账户的配置信息只保存在本机中，在重装系统、删除账户时不会消失

B. 本地账户的配置信息可以保存在任何计算机中，在重装系统、删除账户时会消失

C. 本地账户的配置信息可以保存在任何计算机中，在重装系统、删除账户时不会消失

D. 本地账户的配置信息只保存在本机中，在重装系统、删除账户时会消失

2. 下列关于 Windows 10 中用户账户的描述中，正确的是（　　）。

A. 用户账户的类型只有一种

B. 用户账户无权限区别

C. 本地账户能够在计算机之间进行同步

D. 使用 Microsoft 账户时，在当前计算机上所进行的个性化设置将随着账户一起漫游到其他计算机上

3. 在 Windows 10 中，有（　　）种用户账户类型。

A. 1　　B. 2

C. 3　　D. 4

4. 下列关于 Windows 10 中用户账户管理的描述中，错误的是（　　）。

A. 可通过“设置”窗口创建、删除、更改用户账户

B. 可通过控制面板创建、删除、更改用户账户

C. 可通过“计算机管理”窗口创建、删除、更改用户账户

D. 一台计算机中只能有一个管理员账户

5. 在 Windows 10 中打开“设置”窗口的组合键是（　　）键。

A. Win+I　　B. Win+K

C. Win+R　　D. Win+L

6. 在 Windows 10 中打开安全选项界面的组合键是（　　）键。

A. Ctrl+Alt+Del　　B. Ctrl+Shift+Del

C. Ctrl+Shift+Esc　　D. Alt+Shift+Del

实训任务 3　输入法的设置

一、实训任务介绍

某公司新购置了一批计算机，现在需要对其进行输入法的统一配置，配置要求如下：在每台计算机上添加微软五笔输入法并安装搜狗输入法，根据公司品牌形象对搜狗输入法的外观样式进行个性化设置。同时，为了确保输入效率，还需要对输入法的每页候选词个数进行详细设定。此外，为了测试搜狗输入法的语音识别功能是否正常，通过语音输入汉字。该任务要求在 20 min 内完成，搜狗输入法的设置效果如图 2-3-1 所示。

图 2-3-1　搜狗输入法的设置效果

二、实训任务分析

在开始任务前，按照图 2–3–2 所示思维导图复习教材中的知识点和技能点。在本任务中，通过添加微软五笔输入法和安装搜狗输入法，对输入法外观样式进行个性化设置等操作，完成计算机输入法的安装和设置，并通过使用语音输入汉字测试输入法的语音识别功能。

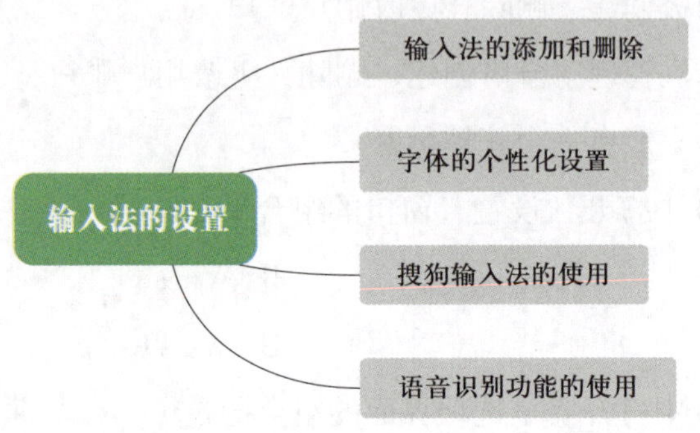

图 2–3–2　教材内容的思维导图

三、实训计划制订

根据任务分析，制订完成本实训任务的实训计划，填入表 2–3–1 中。

表 2–3–1　实训计划

序号	工作内容	所需时间

四、操作步骤提示

按照表 2–3–2 所列操作步骤提示完成本实训任务。

表 2-3-2 操作步骤提示

序号	操作步骤	内容
1	添加微软五笔输入法	单击桌面左下角的“开始”菜单图标→“设置”按钮→“时间和语言”→“语言”→“中文（简体，中国）”，单击“选项”按钮→“添加键盘”，选择“微软五笔”
2	设置搜狗输入法	对搜狗输入法进行安装后，单击桌面左下角的“开始”菜单图标，在弹出的菜单中单击“搜狗输入法”下拉按钮→“设置向导”，在弹出的对话框中设置“输入候选每页显示个数”为“7”，单击“下一步”按钮，在装扮商城中选择一款皮肤，继续单击“下一步”按钮至最后
3	用语音识别功能输入汉字	单击搜狗输入法上的“语音”图标，用麦克风说出需要输入的汉字即可

将实训过程中遇到的疑点、难点及相应的解决方法和心得体会记录在表 2-3-3 中，并在组内分享和讨论。

表 2-3-3 经验和心得体会记录

序号	涉及的操作步骤	经验和心得体会

五、实训评价

实训任务完成后，以适当的形式在班级内展示学习成果，交流学习心得，并归纳、总结实训中的收获，纳入思维导图。

采用学生自评、学生互评与教师评价相结合的多元评价方式，按照表 2-3-4 所列评价要求完成实训评价。

表 2-3-4　实训评价表

序号	评价要求	分值/分	学生自评（占比 30%）	学生互评（占比 30%）	教师评价（占比 40%）
1	对实训任务的分析准确到位	15			
2	能正确安装搜狗输入法	15			
3	能设定输入法的每页候选词个数	20			
4	能设置输入法的外观样式	15			
5	能使用语音识别功能输入汉字	15			
6	能正确展示及解说学习成果	20			
综合得分		100			

六、实训拓展

在计算机上安装百度输入法并对其进行个性化设置，其外观样式如图 2-3-3 所示。

图 2-3-3　百度输入法的外观样式

七、知识巩固与提高

1. 下列输入法中，属于 Windows 10 自带的是（　　）输入法。

A. 搜狗　　B. 微软拼音

C. QQ　　D. 百度

2. 在使用输入法时，切换中英文状态的快捷键是（　　）键。

A. Ctrl　　B. Enter　　C. Alt　　D. Shift

3. 下列选项中，不属于 Windows 10 中输入法的输入方式的是（　　）输入。

A. 字型　　B. 手写

C. 语音　　D. 特殊符号

4. 下列选项中，属于汉字输入法的是（　　）输入法。

A. 拼音　　B. 音形结合码

C. 形码　　D. 以上选项都对

项目三
Windows 10 计算机资源的管理

实训任务 1　文件和文件夹资源的管理

一、实训任务介绍

小王同学新购置了一台计算机，用于学习和休闲娱乐。他经常从网络上下载各种学习和娱乐资料（素材），但随着时间的推移，文件数量的不断增加导致查找和管理这些资料变得越发困难。为了更有效地管理这些文件，需要运用文件和文件夹资源管理的知识帮助小王规划一个清晰的文件夹树状结构，如图 3-1-1 所示，将下载的各种文件放到相应的文件夹中，且重要文件只允许用户查看。通过合理的分类和命名规则，确保小王的计算机文件井然有序，从而大大提高他的学习效率。

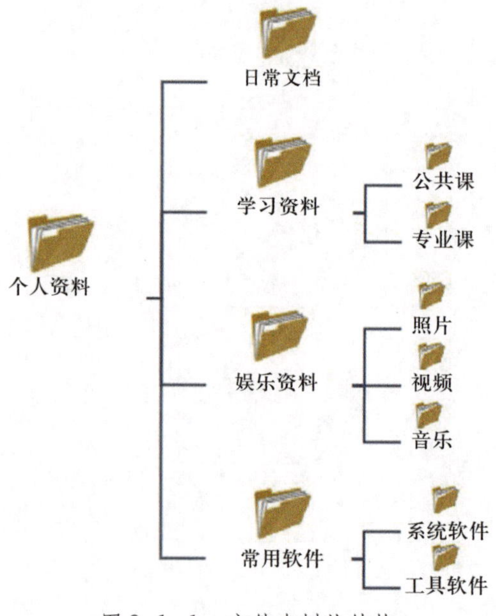

图 3-1-1　文件夹树状结构

二、实训任务分析

在开始任务前，按照图 3–1–2 所示思维导图复习教材中的知识点和技能点。在本任务中，需要具备文件和文件夹资源管理的专业知识，能够合理运用 Windows 10 的文件管理功能，为小王构建清晰的文件夹树状结构；能够根据文件的性质和用途进行合理分类，并创建相应的文件夹来存储不同类型的文件，应注意使用组合键、通配符搜索文件以及设置文件属性的方法与技巧等。

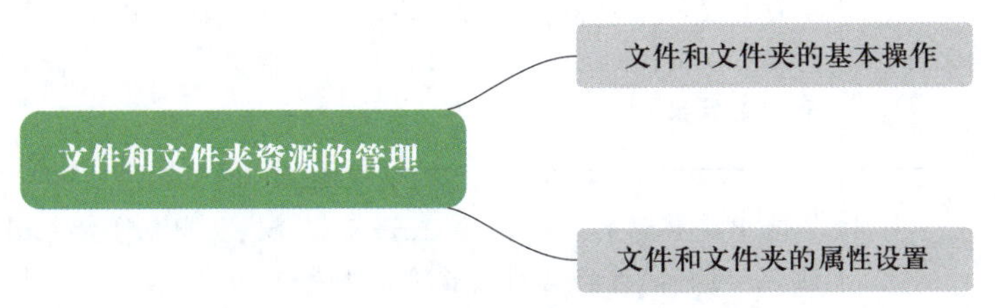

图 3–1–2　教材内容的思维导图

三、实训计划制订

根据任务分析，制订完成本实训任务的实训计划，填入表 3–1–1 中。

表 3–1–1　实训计划

序号	工作内容	所需时间

四、操作步骤提示

按照表 3–1–2 所列操作步骤提示完成本实训任务。

将实训过程中遇到的疑点、难点及相应的解决方法和心得体会记录在表 3–1–3 中，并在组内分享和讨论。

表 3-1-2　操作步骤提示

序号	操作步骤	内容
1	新建、重命名文件夹	右键单击桌面的空白处，在弹出的快捷菜单中选择“新建”→“文件夹”，此时文件夹名称呈可编辑状态，输入文件夹名称，单击桌面的空白处或按 Enter 键确认即可
2	搜索文件	打开资源管理器，在窗口右上角的搜索框中输入如“*. 文件格式”等内容，Windows 会自动在当前位置搜索所有符合文件信息的对象，并显示搜索结果
3	移动文件	选中要移动的文件，按 Ctrl+X 组合键（剪切）和 Ctrl+V 组合键（粘贴），可将文件移动到相应的文件夹中
4	设置文件属性	右键单击要设置属性的文件，在弹出的快捷菜单中选择“属性”，打开文件对应的“属性”对话框。在默认的“常规”选项卡中的“属性”栏中勾选“只读”复选框，单击“确定”按钮，将文件的属性设置为只读

表 3-1-3　经验和心得体会记录

序号	涉及的操作步骤	经验和心得体会

五、实训评价

实训任务完成后，以适当的形式在班级内展示学习成果，交流学习心得，并归纳、总结实训中的收获，纳入思维导图。

采用学生自评、学生互评与教师评价相结合的多元评价方式，按照表 3-1-4 所列评价要求完成实训评价。

表 3-1-4　实训评价表

序号	评价要求	分值 / 分	学生自评（占比 30%）	学生互评（占比 30%）	教师评价（占比 40%）
1	对实训任务的分析准确到位	10			
2	能熟练地新建、重命名文件夹	10			
3	能使用通配符快速搜索文件	20			
4	能使用组合键移动文件	20			
5	能设置文件属性	20			
6	能正确展示及解说学习成果	20			
综合得分		100			

六、实训拓展

小王热衷于古诗词，经常从网络上下载各类古诗词资料（素材），如图 3-1-3 所示。然而，由于缺乏整理，他在查找所需资料时感到越发困难。为了帮助他解决这一问题，运用所学的文件和文件夹资源管理知识，对他的资料进行系统的整理，构建一个清晰、有序的文件和文件夹树状结构，整理后的效果如图 3-1-4 所示，以便小王能够轻松定位和使用他珍藏的古诗词资料。通过合理的分类和层级设置，需确保小王的古诗词资料库井然有序，进而提升他的学习效率和阅读体验。

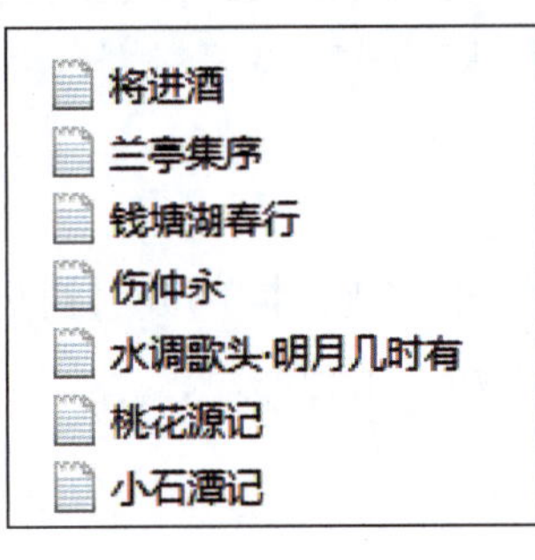

图 3-1-3　素材

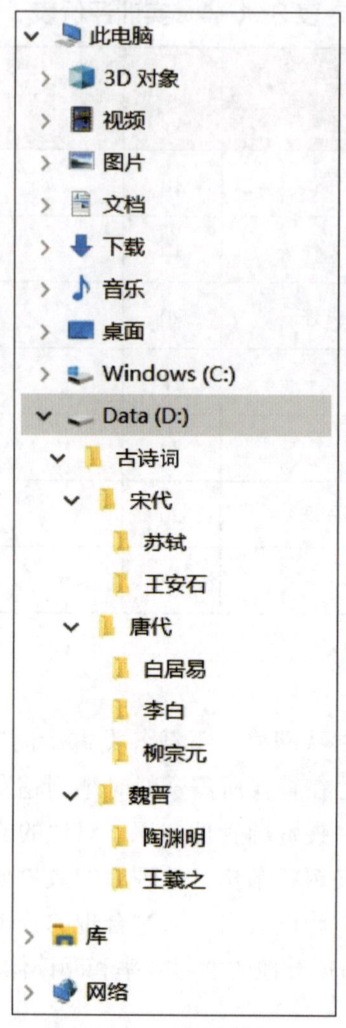

图 3-1-4　整理后的效果

七、知识巩固与提高

1. 文件是 Windows 存取磁盘信息的基本单位，这些信息（　　）。

A. 可以是文字、图片、影像和应用程序等

B. 只能是文字

C. 只能是图片

D. 只能是应用程序

2. 文件通常都有扩展名，用于表示文件的（　　）。

A. 创建时间　　B. 类型

C. 大小　　D. 名称

3. 在 Windows 10 中，将文件或文件夹添加到快速访问列表中的正确方式是（　　）。

A. 将文件或文件夹拖动到任务栏中的浏览器图标上

B. 右键单击文件或文件夹，选择“发送到”→“桌面快捷方式”

C. 在导航窗格中右键单击文件或文件夹，选择“固定到快速访问”

D. 将文件或文件夹拖动到“开始”菜单的磁贴上

4. 文件“属性”对话框中的“只读”选项意味着（　　）。

A. 文件只能被阅读，不能被修改

B. 文件只能被阅读，不能被删除

C. 文件只能被阅读，不能被移动

D. 文件只能被阅读，不能被复制

5. 在 Windows 10 中，用户如果想要隐藏一个文件夹，则应该（　　）。

A. 右键单击文件夹，选择“隐藏”

B. 右键单击文件夹，选择“属性”，在“属性”对话框中勾选“隐藏”复选框

C. 将此文件夹移动到系统文件夹中

D. 删除文件夹

6. 如果回收站被清空，那么之前删除的文件（　　）。

A. 仍然可以恢复　　B. 被永久删除

C. 只是被隐藏了　　D. 被移动到系统文件夹中

实训任务 2　文件和文件夹的高级操作

一、实训任务介绍

小陈是一家大型企业的计算机管理员，负责管理和保护企业内部的文件和文件夹。为了提高员工操作文件和文件夹的效率和安全性，小陈需要对文件夹进行一系列操作，使企业其他员工能够方便、安全地访问和使用文件夹，具体要求如下：

➢ 为每个部门负责人各创建一个共享用户，名称分别是“yan_fa”“shi_gong”“ce_hua”以及“xiao_shou”，将密码统一设置为“password”，并将其分配给各部门负责人。

➢ 将“任务规划”文件夹（素材）共享，并授权给各部门负责人。

➢ 对“科技馆办公室网络布线”文件夹（素材）进行加密处理，并将密钥进行备份。

➢ 新建一个名为“办公”的库，并将“科技馆办公室网络布线”文件夹和“任务规划”文件夹添加到新建的“办公”库中。

二、实训任务分析

在开始任务前，按照图 3-2-1 所示思维导图复习教材中的知识点和技能点。在本任务中，应注意将文件夹导入到新建的库中，给共享文件夹选择相应的用户和权限，以及对文件和文件夹进行加密。

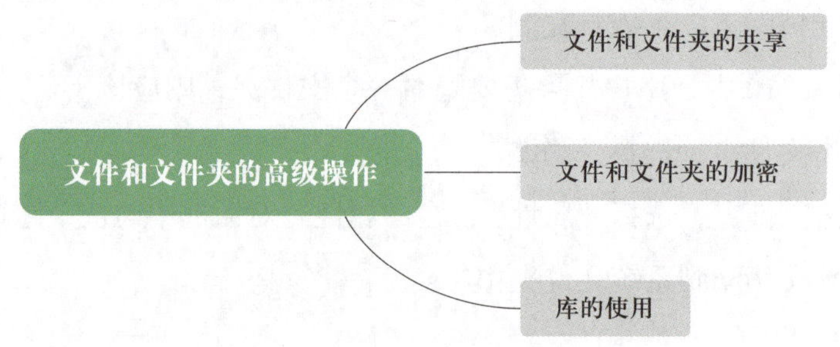

图 3-2-1　教材内容的思维导图

三、实训计划制订

根据任务分析，制订完成本实训任务的实训计划，填入表 3-2-1 中。

表 3-2-1　实训计划

序号	工作内容	所需时间

四、操作步骤提示

按照表 3-2-2 所列操作步骤提示完成本实训任务。

表 3-2-2　操作步骤提示

序号	操作步骤	内容
1	创建共享用户	右键单击“此电脑”图标，在弹出的快捷菜单中选择“管理”，在“计算机管理”窗口中选择“系统工具”→“本地用户和组”，右键单击“用户”，选择“新用户”，输入用户名和密码即可
2	共享文件夹	打开“控制面板”窗口，单击“查看网络状态和任务”，在弹出的“网络和共享中心”窗口中单击“更改高级共享设置”，在“高级共享设置”窗口中打开“专用（当前配置文件）”一栏，选中“启用网络发现”“启用文件和打印机共享”单选按钮 右键单击准备共享的文件夹，选择“授予访问权限”→“特定用户”，选择要与其共享的用户，添加后单击“共享”按钮，随后提示已共享成功并提供路径
3	加密文件夹	在要加密文件夹的“属性”对话框中单击“高级”按钮，勾选“加密内容以便保护数据”复选框，单击“确定”按钮。在“加密文件系统”对话框中单击“现在备份（推荐）”，设置导出密码，选择导出的文件名称和位置，完成证书和密钥的导出
4	新建库、导入库	在“库”文件夹中右键单击空白处，在弹出的快捷菜单中选择“新建”→“库”，新建一个名称可编辑的库，输入名称。右键单击要添加到库中的文件夹，在弹出的快捷菜单中选择“包含到库中”，再选择刚刚新建的库即可

将实训过程中遇到的疑点、难点及相应的解决方法和心得体会记录在表 3–2–3 中，并在组内分享和讨论。

表 3-2-3　经验和心得体会记录

序号	涉及的操作步骤	经验和心得体会

五、实训评价

实训任务完成后，以适当的形式在班级内展示学习成果，交流学习心得，并归纳、总结实训中的收获，纳入思维导图。

采用学生自评、学生互评与教师评价相结合的多元评价方式，按照表 3-2-4 所列评价要求完成实训评价。

表 3-2-4　实训评价表

序号	评价要求	分值 / 分	学生自评（占比 30%）	学生互评（占比 30%）	教师评价（占比 40%）
1	对实训任务的分析准确到位	10			
2	能创建共享用户，并设置用户名和密码	15			
3	能将文件夹设置为共享状态，并设置允许访问的用户	15			
4	能对文件夹进行加密处理，并将密钥进行备份	20			
5	能新建库，并将所需的文件夹导入库中	20			
6	能正确展示及解说学习成果	20			
综合得分		100			

六、实训拓展

小李是一家公司的后勤管理员，主要负责公司内部的文件和物料领取流程。为了优化文件和物料领取流程，需要对文件夹执行一系列操作，让公司内部的其他员工能够便捷地访问和使用文件夹，并提升其安全性，具体要求如下：

➢ 开启共享，使计算机中的文件及文件夹能够共享。

➢ 将“物料管理”文件夹（素材）共享，将其设置为只读模式，并授权给所有人。

➢ 对“物料管理”文件夹进行加密处理，并将密钥进行备份。

➢ 新建一个名为“物料”的库，并将“物料管理”文件夹添加到新建的“物料”库中。

七、知识巩固与提高

1. 在 Windows 10 中，要新建一个库，需要先打开（　　）。

A. 文件资源管理器　　B. 控制面板

C. 记事本　　D. 命令提示符

2. 在 Windows 10 中，要将一个文件夹添加到一个库中，需要先右键单击该文件夹，然后选择（　　）。

A. “发送到”　　B. “复制”　　C. “剪切”　　D. “包含到库中”

3. 在 Windows 10 中，要对一个文件夹进行加密处理，需要先右键单击该文件夹，然后选择“属性”，再单击（　　）按钮。

A. “安全”　　B. “高级”　　C. “共享”　　D. “自定义”

4. 在 Windows 10 中，要想共享一个文件夹给网络上的所有用户，应该（　　）。

A. 创建一个新的用户账户并给予其访问权限

B. 设置文件夹的共享权限为“Everyone”

C. 将文件夹发送到电子邮箱

D. 将文件夹打印出来分发给所有用户

5. 在 Windows 10 中，如果希望网络上的其他用户能够查看但不可以修改共享文件夹中的内容，则应该设置（　　）权限。

A. 读取　　B. 写入　　C. 完全控制　　D. 更改

6. 在 Windows 10 中，（　　）支持文件级别的加密。

A. NTFS　　B. FAT32　　C. exFAT　　D. ReFS

7. 在 Windows 10 中，加密文件系统（EFS）主要用于（　　）。

A. 加快文件的读取速度　　B. 保护文件不被未授权访问

C. 减少文件所占存储空间　　D. 优化硬盘的性能

实训任务 3　系统软件资源的管理

一、实训任务介绍

小张刚刚购置了一台新计算机，已经完成了硬件和操作系统的安装，现在需要你帮助他完成基本应用软件的安装及功能设置，具体要求如下：

➢ 下载并安装用户所需的微信、腾讯 QQ 以及爱奇艺等应用软件，选择默认的安装位置。

➢ 卸载用户不需要的 Internet Explorer 11。

➢ 禁用部分开机自启动的程序，保证计算机开机时间短，使用顺畅。

二、实训任务分析

在开始任务前，按照图 3–3–1 所示思维导图复习教材中的知识点和技能点。在本任务中，应注意优先选择从官网下载安装包，以及禁用部分开机自启动程序的操作方法等。

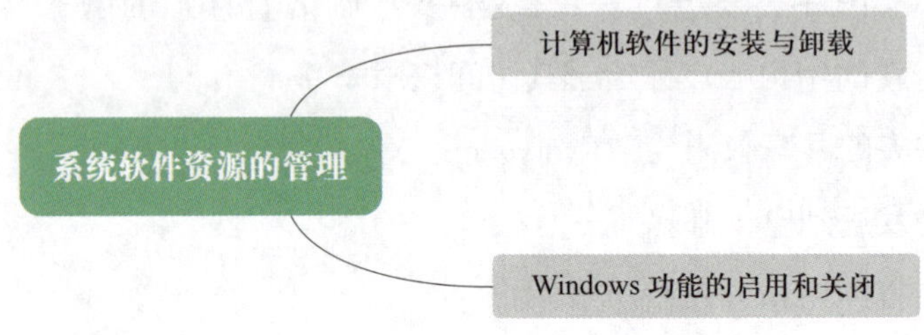

图 3–3–1　教材内容的思维导图

三、实训计划制订

根据任务分析，制订完成本实训任务的实训计划，填入表 3–3–1 中。

表 3–3–1　实训计划

序号	工作内容	所需时间

四、操作步骤提示

按照表 3–3–2 所列操作步骤提示完成本实训任务。

表 3–3–2　操作步骤提示

序号	操作步骤	内容
1	下载并安装应用软件	打开浏览器，访问微信的官方网站，下载适用于 Windows 10 的安装包。下载完成后，双击安装包，按照安装向导的指示完成安装。按照此步骤下载并安装腾讯 QQ、爱奇艺等应用软件，安装时选择默认的安装位置

续表

序号	操作步骤	内容
2	卸载 Internet Explorer 11	单击桌面左下角的“开始”菜单图标→“设置”按钮，在“设置”窗口中单击“系统”→“可选功能”，在“可选功能”中单击“Internet Explorer 11”，在展开的面板中单击“卸载”按钮，即可将程序卸载
3	禁用部分开机自启动程序	右键单击任务栏，选择“任务管理器”，切换到“启动”选项卡，这里显示所有设置为开机自启动的程序，右键单击想要禁用的程序，选择“禁用”即可

将实训过程中遇到的疑点、难点及相应的解决方法和心得体会记录在表 3-3-3 中，并在组内分享和讨论。

表 3-3-3　经验和心得体会记录

序号	涉及的操作步骤	经验和心得体会

五、实训评价

实训任务完成后，以适当的形式在班级内展示学习成果，交流学习心得，并归纳、总结实训中的收获，纳入思维导图。

采用学生自评、学生互评与教师评价相结合的多元评价方式，按照表 3-3-4 所列评价要求完成实训评价。

表 3-3-4　实训评价表

序号	评价要求	分值 / 分	学生自评（占比 30%）	学生互评（占比 30%）	教师评价（占比 40%）
1	对实训任务的分析准确到位	10			
2	能正确下载并安装所需的应用软件	30			

续表

序号	评价要求	分值 / 分	学生自评（占比 30%）	学生互评（占比 30%）	教师评价（占比 40%）
3	能正确卸载用户不需要的功能	20			
4	能正确禁用开机自启动的程序	20			
5	能正确展示及解说学习成果	20			
综合得分		100			

六、实训拓展

小韩是一名机房管理人员，主要负责维护计算机的稳定运行，确保用户使用计算机时的流畅、稳定。现在，有一台计算机运行缓慢，需要卸载部分不需要的应用程序和功能，具体要求如下：

➢ 卸载腾讯视频、360 安全卫士等应用程序。

➢ 卸载 Windows Media Player 功能。

七、知识巩固与提高

1. 在“设置”窗口中，可以更改 Windows 10 的（　　）等方面的设置。

A. 系统、设备、个性化、应用　　B. 网络、安全、更新、隐私

C. 时间、语言、账户、游戏　　D. 以上选项都对

2. 在“设置”窗口中，要查看或更改已安装的应用和功能，应该单击（　　）。

A. “隐私”　　B. “语言”

C. “应用”　　D. “时间”

3. 在 Windows 10 中，要安装一个新的软件，通常需要执行（　　）文件。

A. .exe　　B. .zip　　C. .dll　　D. .txt

4. 在 Windows 10 中，要卸载一个已安装的软件时，通常可以在（　　）中进行卸载。

A. “应用和功能”界面　　B. 控制面板

C. “开始”菜单　　D. 以上选项都对

5. 在 Windows 10 中，要查看或更改默认的应用程序（如浏览器、音乐播放器等）时，应该（　　）。

A. 在“设置”窗口中单击“应用”→“默认应用”

B. 在“控制面板”窗口中单击“程序”→“默认程序”→“设置程序访问和计算机的默认值”

C. 在“开始”菜单中搜索“默认应用”，单击“默认应用”

D. 以上选项都对

实训任务 4 系统硬件资源的管理

一、实训任务介绍

某学校机房新购置了一批装有 Windows 10 的计算机，用于提升教学和学习效率。小王作为机房管理员，需要对这些计算机进行硬件资源的配置和管理，以确保它们能够满足教学需求，具体要求如下：

- 调整硬盘分区大小，合理分配存储空间。
- 为教师机连接并配置打印机，以便学生和教师打印文档。
- 为教师机连接并配置投影仪，以便进行教学演示。

二、实训任务分析

在开始任务前，按照图 3-4-1 所示思维导图复习教材中的知识点和技能点。在本任务中，应注意在调整硬盘分区大小前，备份所有重要数据，以防在调整分区过程中发生数据丢失等情况；连接计算机和投影仪时，注意接口类型是否匹配；连接计算机和打印机时，应优先选择从官网下载安装打印机驱动程序。

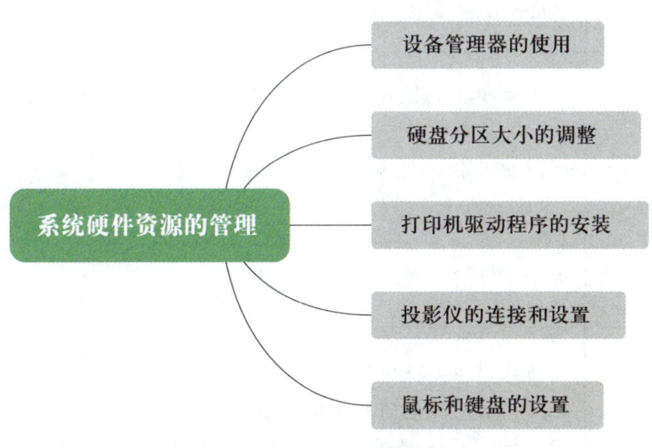

图 3-4-1 教材内容的思维导图

三、实训计划制订

根据任务分析，制订完成本实训任务的实训计划，填入表 3-4-1 中。

表 3-4-1　实训计划

序号	工作内容	所需时间

四、操作步骤提示

按照表 3-4-2 所列操作步骤提示完成本实训任务。

表 3-4-2　操作步骤提示

序号	操作步骤	内容
1	调整硬盘分区大小	右键单击“此电脑”图标，在弹出的快捷菜单中选择“管理”，在打开的“计算机管理”窗口中单击“存储”→“磁盘管理”。在右侧区域中右键单击需要调整分区的硬盘，选择“压缩卷”或“扩展卷”，输入希望调整的分区大小，单击“压缩”或“扩展”按钮。完成操作后，新的分区大小设置生效
2	连接和配置打印机	从打印机制造商官网下载并安装适用于 Windows 10 的打印机驱动程序。根据打印机的连接方式（如 USB、无线网络等），将打印机与计算机连接。打开控制面板，单击“硬件和声音”→“设备和打印机”→“添加打印机”以添加新打印机，按照系统提示完成打印机的安装和配置。进行打印测试，确保打印机能正常工作并将其设置为默认打印机
3	连接和配置投影仪	确认计算机和投影仪的接口类型（如 HDMI、VGA 等）是否匹配，使用相应的线缆将计算机与投影仪连接。右键单击桌面的空白处，选择“显示设置”，根据需要更改多屏显示设置，如复制或扩展桌面。测试投影效果，确保显示的画面清晰且色彩准确

将实训过程中遇到的疑点、难点及相应的解决方法和心得体会记录在表 3-4-3 中，并在组内分享和讨论。

表 3-4-3　经验和心得体会记录

序号	涉及的操作步骤	经验和心得体会

五、实训评价

实训任务完成后，以适当的形式在班级内展示学习成果，交流学习心得，并归纳、总结实训中的收获，纳入思维导图。

采用学生自评、学生互评与教师评价相结合的多元评价方式，按照表 3-4-4 所列评价要求完成实训评价。

表 3-4-4　实训评价表

序号	评价要求	分值 / 分	学生自评（占比 30%）	学生互评（占比 30%）	教师评价（占比 40%）
1	对实训任务的分析准确到位	10			
2	能调整硬盘分区大小	20			
3	能正确连接并配置打印机	20			
4	能正确连接并配置投影仪	30			
5	能正确展示及解说学习成果	20			
综合得分		100			

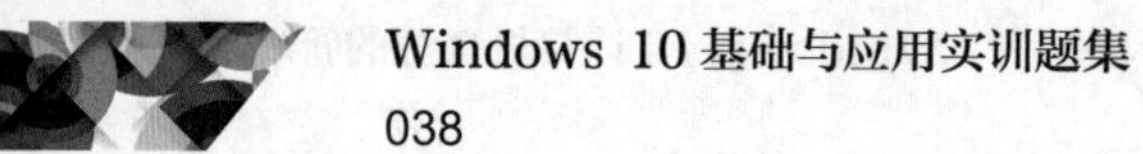

六、实训拓展

使用计算机的设备管理器识别系统中所有的硬件设备，并列出至少 5 种主要的硬件设备。

七、知识巩固与提高

1.（　　）是计算机中主要的硬件管理工具。

A. 显示器　　B. 设备管理器

C. 显卡　　D. 键盘

2. 目前，硬件设备制造商提供的驱动程序的安装都非常简单，驱动程序中一般都带有一个（　　）可执行文件，只要双击它，然后一直单击“Next（下一步）”按钮就可以完成驱动程序的安装。

A. Setup.docx　　B. Setup.pdf

C. Setup.exe　　D. Setup.xlsx

3. 连接并配置投影仪后，如果用户希望计算机显示器和投影仪显示相同的内容，应该选择（　　）。

A.“仅在 1 上显示”　　B.“仅在 2 上显示”

C.“复制这些显示器”　　D.“扩展这些显示器”

4. 在设备列表中，如果设备上标有（　　），则说明系统无法识别这个设备，用户必须自己下载并安装驱动程序。

A. 设备名称　　B. 黄色的感叹号

C. 设备大小　　D. 红色的感叹号

项目四
Windows 10 实用工具的使用

实训任务 1 显示器显示效果的设置

一、实训任务介绍

某公司办公室文员小王从部门经理处接受一项任务，办公室新购买了一批计算机，在使用过程中发现显示效果不够好，需要进行显示器显示效果的设置。需将显示分辨率设置为 1 680 × 1 050，将文本显示大小更改为 175%，调整文本清晰度，校准屏幕显示的颜色，最终效果如图 4-1-1 所示。

图 4-1-1 最终效果

二、实训任务分析

在开始任务前，按照图 4-1-2 所示思维导图复习教材中的知识点和技能点。在本任务中，通过设置显示分辨率大小、更改文本显示大小、调整文本清晰度、校准屏幕显示的颜色等操作，完成对公司计算机显示器显示效果的设置。操作时应注意 ClearType 工具的使用方法及校准屏幕显示颜色的方法与技巧等。

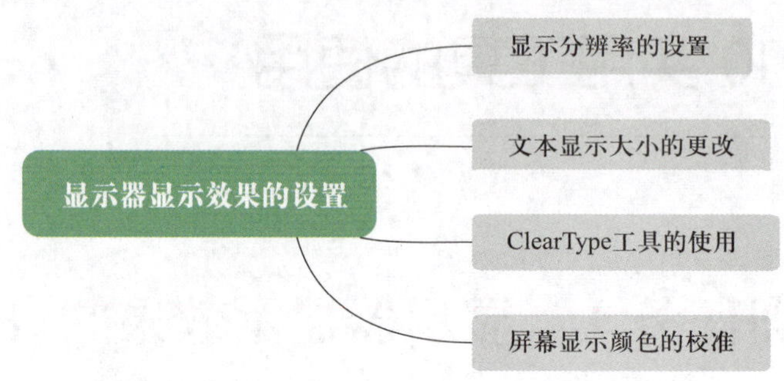

图 4-1-2 教材内容的思维导图

三、实训计划制订

根据任务分析，制订完成本实训任务的实训计划，填入表 4-1-1 中。

表 4-1-1 实训计划

序号	工作内容	所需时间

四、操作步骤提示

按照表 4-1-2 所列操作步骤提示完成本实训任务。

表 4-1-2 操作步骤提示

序号	操作步骤	内容
1	设置显示分辨率	单击桌面左下角的“开始”菜单图标→“设置”按钮→“系统”→“显示”，在“显示分辨率”中选择“1 680×1 050”，即可完成显示分辨率的设置

续表

序号	操作步骤	内容
2	更改文本显示大小	单击桌面左下角的“开始”菜单图标→“设置”按钮→“系统”→“显示”→“高级缩放设置”，将“允许 Windows 尝试修复应用，使其不模糊”按钮打开。在“显示”中的“更改文本、应用等项目的大小”中选择“175%”，修改后可以实现系统中文本、应用的全局放大显示效果
3	调整文本清晰度	单击桌面左下角的“开始”菜单图标→“设置”按钮→“个性化”→“字体”→“调整 ClearType 文本”，打开“ClearType 文本调谐器”对话框，勾选“启用 ClearType”复选框，依次单击“下一页”按钮，选择看起来清晰的文本示例，设置完成后单击“完成”按钮
4	校准屏幕显示的颜色	右键单击桌面的空白处，在弹出的快捷菜单中选择“显示设置”→“显示”，向下拖动窗口右侧的滚动条，单击“高级显示设置”→“显示器 1 的显示适配器属性”，在弹出的对话框中单击“颜色管理”选项卡→“颜色管理”按钮，再单击“确定”按钮。单击“高级”选项卡→“校准显示器”按钮，依次单击“下一页”按钮，进行设置基本颜色、调整伽马、调整亮度、调整对比度、调整颜色平衡等操作

将实训过程中遇到的疑点、难点及相应的解决方法和心得体会记录在表 4–1–3 中，并在组内分享和讨论。

表 4–1–3　经验和心得体会记录

序号	涉及的操作步骤	经验和心得体会

五、实训评价

实训任务完成后，以适当的形式在班级内展示学习成果，交流学习心得，并归纳、总结实训中的收获，纳入思维导图。

采用学生自评、学生互评与教师评价相结合的多元评价方式，按照表 4–1–4 所列评价要求完成实训评价。

表 4-1-4　实训评价表

序号	评价要求	分值 / 分	学生自评（占比 30%）	学生互评（占比 30%）	教师评价（占比 40%）
1	对实训任务的分析准确到位	10			
2	能使用正确的方法设置显示分辨率	10			
3	能使用正确的方法更改文本显示大小	20			
4	能正确掌握 ClearType 工具的使用方法，调整文本清晰度	20			
5	能正确校准屏幕显示的颜色	20			
6	能正确展示及解说学习成果	20			
综合得分		100			

六、实训拓展

某公司王女士因年龄较大，经常出现看不清的情况，在进行计算机操作时，她看不清屏幕显示的文本，请为其调整显示分辨率，将文本显示大小更改为 300%，调整文本清晰度，将显示对比度和亮度调高，调整颜色平衡以保证护眼效果。

七、知识巩固与提高

1. 下列关于分辨率的描述中，正确的是（　　）。

A. 分辨率是一个度量位图图像内数据量的参数

B. 通常情况下，图像分辨率越高，包含的像素点越多，图像就越模糊

C. 显示分辨率对 CRT 显示器而言，是指屏幕上的像素；对 LCD 显示器而言，是指屏幕上的荧光粉点

D. 图像分辨率越高，包含的像素点越少，即图像的信息量越小，因此文件也就越小

2. 显示分辨率是指计算机显示器本身的物理分辨率，通常用（　　）来表示。

A. 水平毫米数 × 垂直毫米数　　B. 水平像素点数 × 垂直像素点数

C. 水平厘米数 × 垂直厘米数　　D. 水平英寸数 × 垂直英寸数

3. 下列关于 ClearType 工具的描述中，正确的是（　　）。

A. ClearType 是 Windows 提供的屏幕字体平滑工具

B. ClearType 主要用于改变字体大小

C. ClearType 主要用于修改显示器亮度

D. ClearType 是一种显示器对比效果调节工具

4. 在 Windows 10 中，如果想要改变文本显示的大小，通常采用（　　）操作。

A. 右键单击桌面的空白处，选择“显示设置”，在“缩放与布局”中调整文本的大小

B. 先打开控制面板，找到“字体”选项，然后选择并修改特定字体的大小

C. 按 Win+R 键打开“运行”对话框，输入“regedib”并按 Enter 键，在注册表编辑器中修改特定字体的大小

D. 先在“个性化”设置中找到“字体”选项，然后将其双击打开并修改特定字体的大小

5. 通过显示器校准功能可以对显示器的（　　）进行比较专业的设置。

A. 颜色、伽马、亮度、对比度等　　B. 文本大小

C. 分辨率　　D. 文本清晰度

实训任务 2　计算机的远程连接

一、实训任务介绍

某公司办公室文员小王从部门经理处接受一项任务，出差员工小李需要使用公司计算机进行相关操作，小王需配合他启用远程桌面、完成远程桌面连接，具体要求如下：

➢ 小王在计算机 A 上启用远程桌面。

➢ 小李在计算机 B 上使用用户名、密码完成计算机 A 远程桌面的登录，使用远程连接功能在计算机 A 的 D 盘中新建一个名为“公司员工资料”的文件夹，并在此文件夹中创建“个人信息 .docx”文件。

二、实训任务分析

在开始任务前，按照图 4-2-1 所示思维导图复习教材中的知识点和技能点。在本任务中，通过启用计算机 A 的远程桌面，在计算机 B 中使用用户名、密码进行计算机 A 远程桌面的登录，完成对计算机 A 的远程连接，并对其进行远程控制。操作时应确保远程计算机 A 和本地计算机 B 都具有稳定的互联网连接，以避免连接中断或延迟，同时掌握远程连接的方法等。

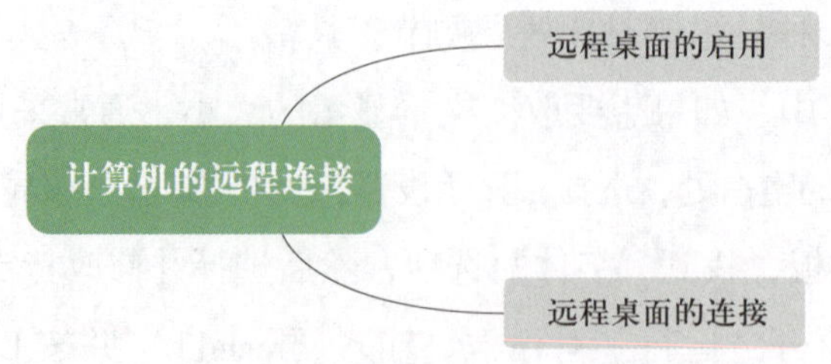

图 4-2-1 教材内容的思维导图

三、实训计划制订

根据任务分析，制订完成本实训任务的实训计划，填入表 4-2-1 中。

表 4-2-1 实训计划

序号	工作内容	所需时间

四、操作步骤提示

按照表 4-2-2 所列操作步骤提示完成本实训任务。

表 4-2-2 操作步骤提示

序号	操作步骤	内容
1	启用远程桌面	方法一：单击桌面左下角的“开始”菜单图标→“设置”按钮→“系统”→“远程桌面”，将“启用远程桌面”按钮打开，单击“确认”按钮 方法二：打开控制面板，单击“系统和安全”，单击“系统”中的“允许远程访问”，将“远程”选项卡中的“远程协助”“远程桌面”设置为允许，单击“应用”按钮即可完成设置
2	完成远程桌面连接	按 Win+R 组合键打开“运行”对话框，输入“mstsc”，进入“远程桌面连接”窗口，输入需要连接的计算机的 IP 地址，单击“连接”按钮，输入需要连接的计算机的用户名和密码，单击“确定”按钮，完成登录，在弹出的连接提示中单击“是”按钮，完成连接。远程桌面连接完成后，在计算机 A 的 D 盘中新建一个文件夹，将其重命名为“公司员工资料”，再在此文件夹中新建一个文件，将其重命名为“个人信息 .docx”

将实训过程中遇到的疑点、难点及相应的解决方法和心得体会记录在表 4-2-3 中，并在组内分享和讨论。

表 4-2-3　经验和心得体会记录

序号	涉及的操作步骤	经验和心得体会

五、实训评价

实训任务完成后，以适当的形式在班级内展示学习成果，交流学习心得，并归纳、总结实训中的收获，纳入思维导图。

采用学生自评、学生互评与教师评价相结合的多元评价方式，按照表 4-2-4 所列评价要求完成实训评价。

表 4-2-4　实训评价表

序号	评价要求	分值 / 分	学生自评（占比 30%）	学生互评（占比 30%）	教师评价（占比 40%）
1	对实训任务的分析准确到位	10			
2	能使用正确的方法启用远程桌面	30			
3	能使用正确的方法完成远程桌面连接	30			
4	能在远程计算机中创建文件	10			
5	能正确展示及解说学习成果	20			
综合得分		100			

六、实训拓展

某公司办公室文员小张从部门经理处接受一项任务，需要将公司计算机中 D 盘中的“公司活动照片”文件夹设置为共享文件夹，以供公司员工查看，但小张因事出差在外，现委托公司小陈在公司计算机上启用远程桌面，小张通过自己的计算机远程控制公司计算机进行操作。

请你根据要求，完成小张和小陈的操作，实现计算机的远程连接。

七、知识巩固与提高

1. 下列选项中，(　　)是远程桌面协议。

A. RDP　　B. SSE　　C. RDB　　D. VND

2. 计算机远程连接是(　　)。

A. 一种通过网络连接两台计算机的技术

B. 可以进行访问控制，不可以进行数据传输的技术

C. 可以进行数据传输，不可以进行访问控制的技术

D. 一种不需要网络就可以连接两台计算机的技术

3. 下列关于启用远程桌面方式的描述中，不正确的是(　　)。

A. 可以通过“设置”窗口在 Windows 10 上启用远程桌面

B. 可以通过控制面板在 Windows 10 上启用远程桌面

C. 可以通过右键单击“此电脑”图标，选择“属性”，启用远程桌面

D. 无法使用命令行启用远程桌面

4. 下列关于计算机远程连接功能的描述中，不正确的是(　　)。

A. 远程协助是 Windows 附带提供的一种简单的远程控制方法

B. 远程桌面是远程连接的一种实现方式，它允许用户通过网络连接到另一台计算机的桌面，并在该桌面上进行各种操作，就像在本地计算机上操作一样

C. 通过远程桌面，用户可以查看远程计算机上的应用程序、文件和资源等，但不能进行删除、修改等操作

D. 在进行远程连接前，必须确保拥有足够的权限访问目标计算机

5. 安全性是远程连接的一个重要的考虑因素，下列(　　)技术不可以提高远程连接的安全性。

A. 加密协议　　B. 强密码策略

C. 防火墙　　D. VPB（虚拟专用网络）

实训任务 3　附件工具的使用

一、实训任务介绍

小李是信息系学生会秘书部干事，主要负责学生信息的日常管理工作，由于工作需要，他经常会用到计算机中的附件工具，如使用便笺工具记录每天的工作任务、使用画图工具处理图片等，本任务需要帮助他完成以下操作：

➢ 创建一个新的便笺，设置便笺的颜色为蓝色，输入“周三进行合唱比赛”。

➢ 使用画图工具为图片“合唱”（素材）添加文字“一起合唱吧”，并设置字体为微软雅黑、字号为 20、颜色为黑色，效果如图 4-3-1 所示。

➢ 使用截图工具截取文件“活动通知”（素材）内容并将其保存在 D 盘中的“图片”文件夹中，将其命名为“截图”，设置格式为 JPEG，效果如图 4-3-2 所示。

图 4-3-1　“合唱”图片效果

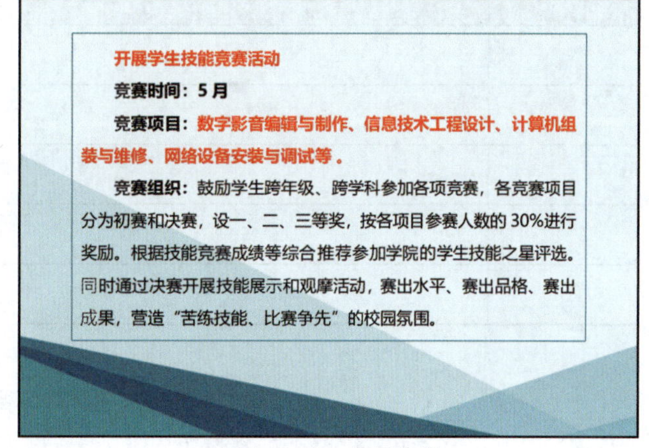

开展学生技能竞赛活动

竞赛时间：5 月

竞赛项目：数字影音编辑与制作、信息技术工程设计、计算机组装与维修、网络设备安装与调试等。

竞赛组织：鼓励学生跨年级、跨学科参加各项竞赛，各竞赛项目分为初赛和决赛，设一、二、三等奖，按各项目参赛人数的 30%进行奖励。根据技能竞赛成绩等综合推荐参加学院的学生技能之星评选。同时通过决赛开展技能展示和观摩活动，赛出水平、赛出品格、赛出成果，营造“苦练技能、比赛争先”的校园氛围。

图 4-3-2　截图效果

二、实训任务分析

在开始任务前，按照图 4-3-3 所示思维导图复习教材中的知识点和技能点。在本任务中，通过添加与修改便笺，添加图片文字，截取文件内容等操作练习附件工具的使用。操作时应注意在使用附件工具编辑或修改文件时，要及时备份原始文件，如果出现任何错误或对效果不满意，可恢复到原始版本。

三、实训计划制订

根据任务分析，制订完成本实训任务的实训计划，填入表 4-3-1 中。

四、操作步骤提示

按照表 4-3-2 所列操作步骤提示完成本实训任务。

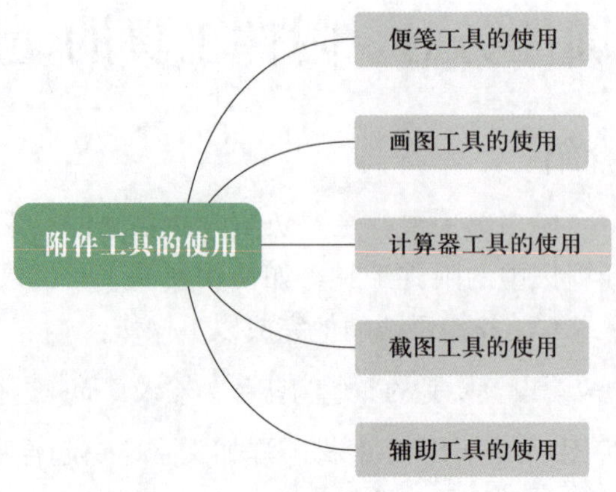

图 4-3-3 教材内容的思维导图

表 4-3-1 实训计划

序号	工作内容	所需时间

表 4-3-2 操作步骤提示

序号	操作步骤	内容
1	创建与修改便笺	在“开始”菜单的程序列表中找到“便笺”，或者使用 Win + S 组合键启动搜索功能，输入“便笺”，单击此程序，打开一个新的便笺。在打开的便笺上，输入文字“周三进行合唱比赛”，单击便笺右上角的“…”按钮，设置便笺的颜色为蓝色
2	添加图片文字	在“开始”菜单的程序列表中找到并单击“Windows 附件”→“画图”即可打开画图工具。单击“文件”菜单→“打开”，弹出“打开”对话框，在其中选择想要打开的文件，单击“打开”按钮，即可将图片载入画布。单击“主页”→“工具”组中的“文本”按钮，在想要插入文字的位置按住鼠标左键并拖动，在弹出的文本框中输入文字“一起合唱吧”，并按要求设置字体、字号、颜色，单击“保存”按钮保存图片

续表

序号	操作步骤	内容
3	截取文件内容	在“开始”菜单的程序列表中找到并单击“Windows 附件”→“截图工具”即可打开截图工具。单击“新建”按钮，屏幕会被冻结，此时按住鼠标左键并拖动选择要捕获的屏幕区域即可，选中捕获区域后，会在截图工具中显示所截取的图像，单击工具栏中的“保存截图”按钮或单击“文件”菜单→“另存为”，弹出“另存为”对话框，选择D盘中的“图片”文件夹，输入文件名“截图”，选择“保存类型”为“JPEG”，单击“保存”按钮，即可将截图保存为一个文件

将实训过程中遇到的疑点、难点及相应的解决方法和心得体会记录在表 4–3–3 中，并在组内分享和讨论。

表 4–3–3　经验和心得体会记录

序号	涉及的操作步骤	经验和心得体会

五、实训评价

实训任务完成后，以适当的形式在班级内展示学习成果，交流学习心得，并归纳、总结实训中的收获，纳入思维导图。

采用学生自评、学生互评与教师评价相结合的多元评价方式，按照表 4–3–4 所列评价要求完成实训评价。

表 4-3-4　实训评价表

序号	评价要求	分值 / 分	学生自评（占比 30%）	学生互评（占比 30%）	教师评价（占比 40%）
1	对实训任务的分析准确到位	10			
2	能熟练使用便笺工具完成便笺的创建与修改	20			
3	能熟练使用画图工具为图片添加文字	30			
4	能熟练使用截图工具截取文件内容，并将其保存到指定位置	20			
5	能正确展示及解说学习成果	20			
综合得分		100			

六、实训拓展

根据图 4-3-4 所示素材图片，使用画图工具进行技术处理，最终效果如图 4-3-5 所示。

图 4-3-4　素材

图 4-3-5 最终效果

七、知识巩固与提高

1. 在 Windows 10 中，下列关于 Windows 附件组的描述中，正确的是（　　）。

A. 要访问 Windows 附件组中的工具，可以通过“开始”菜单的搜索框直接搜索并启动

B. Windows 附件组中仅包含与图片处理相关的工具

C. Windows 附件组中的画图工具仅支持简单的绘图操作，不支持图片编辑

D. Windows 附件组中的计算器工具仅支持基本数学运算，不支持科学计算或程序员模式

2. 在 Windows 10 中，下列关于便笺工具的描述中，正确的是（　　）。

A. 可以更改便笺的颜色，但无法更改便笺的大小

B. 日常使用便笺时可以记录文字内容，不可上传图片

C. 选中一个便笺后，单击右上角的“关闭”按钮，即可删除便笺

D. 单击便笺左上角的“+”按钮可以快速打开一个新的便笺

3. 在 Windows 10 中，利用截图工具截取的图片不可以另存为（　　）图片格式。

A. BMP　　B. PNG　　C. GIF　　D. JPEG

4. 下列选项中，（　　）不是计算器工具的模式。

A. “标准”模式和“科学”模式

B. “绘图”模式和“程序员”模式

C. “计算器”模式和“调整”模式

D.“日期计算”模式和“转换器”模式

5. 在 Windows 10 中，打开和关闭放大镜工具的组合键分别是（　　）。

A. Win+ 减号（-）组合键和 Win+Esc 组合键

B. Ctrl+ 加号（+）组合键和 Ctrl+Esc 组合键

C. Win+ 加号（+）组合键和 Win+Esc 组合键

D. Alt+ 加号（+）组合键和 Alt+Esc 组合键

实训任务 4　多媒体娱乐工具的应用

一、实训任务介绍

小王同学是信息系学生会秘书部干事，他接到了辅导员的一项任务，要求他完成运动会相关照片和视频的处理与制作，具体要求如下：

➢ 设置 Windows Media Player 为默认播放器，并创建“运动会”播放列表，将图 4-4-1 所示音乐素材拖入此播放列表中。

➢ 设置“照片”为默认图片查看器，并将图片（素材 1）顺时针旋转 90°，效果如图 4-4-2 所示。

➢ 使用 Windows Movie Maker 为图片（素材 2 ~ 素材 7）添加“模糊”过渡特效，效果如图 4-4-3 所示，并添加背景音乐，输出文件“运动会风采 .mp4”，完成运动会风采视频的制作。

图 4-4-1　音乐素材

图 4-4-2　顺时针旋转 90° 后的图片效果

图 4-4-3　添加“模糊”过渡特效后的效果

二、实训任务分析

在开始任务前，按照图 4-4-4 所示思维导图复习教材中的知识点和技能点。在本任务中，通过设置默认播放器并创建播放列表、设置默认图片查看器并旋转图片、为视频添加过渡特效及背景音乐并保存视频等操作完成对多媒体素材的处理。制作视频时应注意相邻的两个素材之间可以直接进行切换，但有时会显得突兀，可选择 Windows Movie Maker 中的过渡特效，使画面过渡得更加自然。

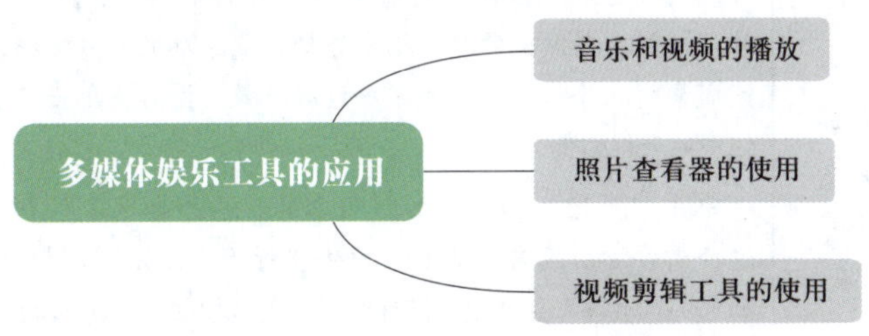

图 4-4-4　教材内容的思维导图

三、实训计划制订

根据任务分析，制订完成本实训任务的实训计划，填入表 4-4-1 中。

表 4-4-1　实训计划

序号	工作内容	所需时间

四、操作步骤提示

按照表 4–4–2 所列操作步骤提示完成本实训任务。

表 4–4–2　操作步骤提示

序号	操作步骤	内容
1	设置默认播放器并创建播放列表	选中要播放的音频文件，单击鼠标右键，选择“打开方式”→“选择其他应用”→“Windows Media Player”，勾选“始终使用此应用打开 .mp3 文件”复选框，单击“确定”按钮，即可将其设置为默认播放器 在“开始”菜单中单击“Windows Media Player”，即可启动 Windows Media Player。单击“单击此处”即可弹出新的播放列表，将此播放列表的名称修改为“运动会”，即可完成播放列表的创建，将图 4–4–1 所示音乐素材拖入“运动会”播放列表中，最后单击“保存列表”按钮
2	设置默认图片查看器并旋转图片	选中要查看的图片文件，单击鼠标右键，选择“打开方式”→“选择其他应用”→“照片”，勾选“始终使用此应用打开 .jpg 文件”复选框，单击“确定”按钮，即可将其设置为默认图片查看器 右键单击要查看的图片，在弹出的快捷菜单中选择“打开方式”→“照片”，单击“旋转”按钮，完成顺时针旋转 90°
3	为视频添加过渡特效及背景音乐并保存视频	启动 Windows Movie Maker，单击“开始”→“添加”组中的“添加视频和照片”按钮，在弹出的对话框中选择需要添加的图片素材，单击“打开”按钮，完成素材的导入。选中要添加过渡特效的图片，单击“动画”→“过渡特效”组中列表框右侧的下拉按钮，在下拉列表中选择“溶解”组中的“模糊”特效 单击“开始”→“添加”组中的“添加音乐”按钮，在弹出的对话框中选择需要添加的音乐素材，单击“打开”按钮，完成音乐的导入。单击“开始”→“共享”组中的“保存电影”下拉按钮，在弹出的下拉菜单中选择“建议该项目使用”，在弹出的“保存电影”对话框中设置保存位置并输入文件名，在“保存类型”下拉列表中选择“*.mp4”，最后单击“保存”按钮，即可保存视频

将实训过程中遇到的疑点、难点及相应的解决方法和心得体会记录在表 4–4–3 中，并在组内分享和讨论。

表 4–4–3　经验和心得体会记录

序号	涉及的操作步骤	经验和心得体会

五、实训评价

实训任务完成后，以适当的形式在班级内展示学习成果，交流学习心得，并归纳、总结实训中的收获，纳入思维导图。

采用学生自评、学生互评与教师评价相结合的多元评价方式，按照表 4-4-4 所列评价要求完成实训评价。

表 4-4-4 实训评价表

序号	评价要求	分值 / 分	学生自评（占比 30%）	学生互评（占比 30%）	教师评价（占比 40%）
1	对实训任务的分析准确到位	10			
2	能熟练使用 Windows Media Player 创建播放列表并设置默认播放器	10			
3	能熟练设置默认图片查看器并旋转图片	20			
4	能熟练使用 Windows Movie Maker 为图片添加过渡特效	20			
5	能熟练使用 Windows Movie Maker 为视频添加背景音乐，完成视频制作	20			
6	能正确展示及解说学习成果	20			
综合得分		100			

六、实训拓展

小陈同学要参加学院举行的爱国主义演讲比赛，为获得更好的演讲效果，他想为演讲比赛制作一个背景视频，请求你的帮忙，请你收集相关图片或视频进行背景视频的编辑与制作，并输出 MP4 格式的视频文件。

七、知识巩固与提高

1. Windows Media Player 可以（　　）。

A. 制作电影　　B. 查找 Internet 上的视频

C. 制作动画　　D. 播放音频和视频

2. Windows Media Player 不可以播放（　　）文件。

A. WAV　　B. 文本　　C. AVI　　D. MIDI

3. 在 Windows Movie Maker 中添加视频特效时，可切换到（　　）选项卡中。

A. “视觉效果”　　B. “开始”　　C. “项目”　　D. “查看”

4. 在 Windows Movie Maker 中添加视频过渡特效时，需要切换到（　　）选项卡中。

A.“开始”　　B.“动画”　　C.“查看”　　D.“编辑”

5.（　　）是 Windows 10 自带的多媒体播放器。

A. Windows Media Player　　B. 影音播放器

C. Windows Movie Maker　　D. Snipping Tool

实训任务 5　Metro 风格应用的使用

一、实训任务介绍

某公司组织员工外出旅游，小王是这次旅游的组织者之一。他需要指定旅游的路线以及观察天气情况，并添加当地导游联系电话等相关信息，可以借助 Windows 10 的 Metro 风格应用完成本次旅游规划，具体要求如下：

- 使用“地图”应用，查看去泰山的旅游路线。
- 使用“天气”应用，查看山东省泰安市一周内的天气情况。
- 使用“人脉”应用，添加联系人信息。

经过查询，小王找到了相关信息，图 4-5-1 所示是山东省泰安市一周内的天气情况。

图 4-5-1　山东省泰安市一周内的天气情况

二、实训任务分析

在开始任务前，按照图 4–5–2 所示思维导图复习教材中的知识点和技能点。在本任务中，通过使用“地图”应用查看旅游路线、使用“天气”应用查看一周内天气情况、使用“人脉”应用添加联系人信息等操作，完成本次旅游规划。操作时应注意在使用“地图”应用、“天气”应用和“人脉”应用时需保证计算机接入互联网，必要时可提前下载离线地图等。

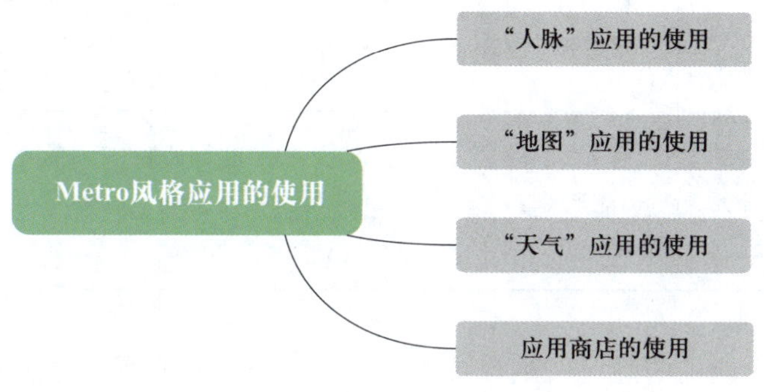

图 4–5–2　教材内容的思维导图

三、实训计划制订

根据任务分析，制订完成本实训任务的实训计划，填入表 4–5–1 中。

表 4–5–1　实训计划

序号	工作内容	所需时间

四、操作步骤提示

按照表 4–5–2 所列操作步骤提示完成本实训任务。

表 4-5-2　操作步骤提示

序号	操作步骤	内容
1	使用“地图”应用查看旅游路线	在“开始”菜单中单击“地图”应用，进入“地图”应用的主界面，在搜索框中输入起点和终点位置，单击“获取路线”，即可显示导航路线
2	使用“天气”应用查看一周内天气情况	在“开始”菜单中单击“天气”应用，进入“天气”应用的主界面，在搜索框中输入目的地城市“泰安市”，即可实时查看最近的天气情况
3	使用“人脉”应用添加联系人信息	启动“人脉”应用，单击“应用”面板下方的“更多”按钮，选择“新建联系人”，按提示添加联系人，输入手机号码等信息，单击“保存”按钮，即可完成联系人的添加

将实训过程中遇到的疑点、难点及相应的解决方法和心得体会记录在表 4-5-3 中，并在组内分享和讨论。

表 4-5-3　经验和心得体会记录

序号	涉及的操作步骤	经验和心得体会

五、实训评价

实训任务完成后，以适当的形式在班级内展示学习成果，交流学习心得，并归纳、总结实训中的收获，纳入思维导图。

采用学生自评、学生互评与教师评价相结合的多元评价方式，按照表 4-5-4 所列评价要求完成实训评价。

表 4-5-4　实训评价表

序号	评价要求	分值 / 分	学生自评（占比 30%）	学生互评（占比 30%）	教师评价（占比 40%）
1	对实训任务的分析准确到位	20			
2	能熟练使用“地图”应用查看旅游路线	20			
3	能熟练使用“天气”应用查看一周内天气情况	20			
4	能熟练使用“人脉”应用添加联系人信息	20			
5	能正确展示及解说学习成果	20			
综合得分		100			

六、实训拓展

通过 Windows 10 的 Metro 风格应用规划自己想要去的城市的旅游路线并查看当地天气情况，制定出行方案。

七、知识巩固与提高

1. 用户想要安装一个 Metro 风格的应用程序时，应该（　　）。

A. 直接从文件资源管理器中复制应用程序文件到系统文件夹

B. 打开应用商店，搜索并安装该应用程序

C. 从互联网上下载应用程序的安装包，并运行安装程序

D. 在命令行中使用特定命令安装应用程序

2. 在规划旅游路线时，常用到（　　）应用。

A. “浏览器”　　B. “地图”　　C. “人脉”　　D. “腾讯会议”

3. 当“开始”菜单中未显示“人脉”应用时，可通过（　　）进行在任务栏上的显示设置。

A. 在桌面任务栏上空白处单击鼠标右键，选择“任务栏设置”，在弹出的窗口中将“在任务栏上显示联系人”按钮打开

B. 在桌面任务栏上空白处单击鼠标右键，选择“任务栏设置”，在弹出的窗口中将“开启人脉”按钮打开

C. 在桌面任务栏上空白处单击鼠标右键，选择“任务栏设置”，在弹出的窗口中将“显示人脉”按钮打开

D. 在桌面任务栏上空白处单击鼠标右键，选择“任务栏设置”，在弹出的窗口中将“显示”按钮打开

4. 下列关于 Metro 风格应用的描述中，不正确的是（　　）。

A. 在“地图”应用中，用户可以获取相应的路线并从备用路线中进行选择

B. 通过“天气”应用可以方便地获取最新的天气情况，随时查看每小时的天气预报

C. 新的 Metro 风格应用可以从应用商店中下载

D.“天气”应用不可查看每小时的天气预报

5. 下列关于应用商店的描述中，不正确的是（　　）。

A. 通过应用商店可以为 Windows 10 安装新的应用，需要连接到网络才能正常工作

B. 下载后的应用可以在“开始”菜单中的“最近添加”中找到

C. 通过应用商店下载安装的应用不能实时自动更新，需要手动进行更新

D. 可以通过应用商店的更新功能对应用进行更新，同时确保应用的保存资料不会丢失

项目五
Windows 10 网络工具的使用

实训任务 1　互联网的连接和安全

一、实训任务介绍

某学校新采购了一批计算机，现在要将这批计算机接入到互联网中。小王作为学校的计算机维修小组成员需要对计算机网络进行设置，并确认可以使用 Microsoft Edge 浏览器浏览网页，如图 5-1-1 所示，具体要求如下：

- 检查网线连接状况。
- 正确设置网络适配器，顺利连接网络。
- 使用网络图标的快捷菜单查看网络连接信息。
- 使用 ipconfig 命令查看网络连接信息。
- 确认可以使用 Microsoft Edge 浏览器浏览网页。

二、实训任务分析

在开始任务前，按照图 5-1-2 所示思维导图复习教材中的知识点和技能点。在本任务中，要确保网线连接正确，注意设置网络适配器的方法、技巧以及查看网络连接信息的方法等，这些知识点和技能点在日常工作和学习中实用性较强，需要在解决问题过程中提升综合素养。

三、实训计划制订

根据任务分析，制订完成本实训任务的实训计划，填入表 5-1-1 中。

图 5-1-1　使用 Microsoft Edge 浏览器浏览网页

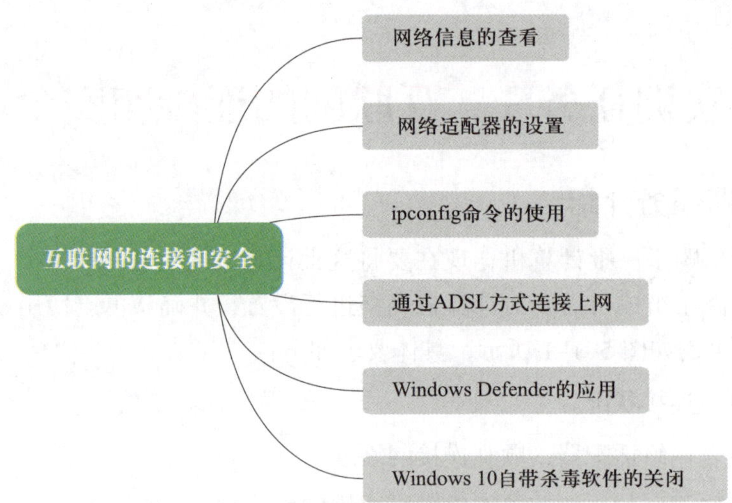

图 5-1-2　教材内容的思维导图

表 5-1-1　实训计划

序号	工作内容	所需时间

四、操作步骤提示

按照表 5-1-2 所列操作步骤提示完成本实训任务。

表 5-1-2　操作步骤提示

序号	操作步骤	内容
1	检查网线连接状况	检查计算机的网线接口是否接入网线，查看网卡灯是否闪烁
2	设置网络适配器	单击桌面左下角的“开始”菜单图标→“Windows 系统”→“控制面板”→“网络和 Internet”→“网络和共享中心”→“更改适配器设置”。在“网络连接”窗口中右键单击需要设置的网络图标，在弹出的快捷菜单中选择“状态”，在“WLAN 状态”对话框中单击“属性”按钮，在弹出的对话框中双击“Internet 协议版本 4（TCP/IPv4）”，设置 IP 地址和 DNS 服务器地址均为自动获得
3	查看网络连接信息	方法一：单击桌面左下角的“开始”菜单图标→“Windows 系统”→“控制面板”→“网络和 Internet”→“网络和共享中心”→“更改适配器设置”，右键单击网络图标，在弹出的快捷菜单中选择“状态”，单击“详细信息”按钮并查看网络连接信息 方法二：使用 Win+R 组合键打开“运行”对话框，输入“cmd”，利用 ipconfig 命令查看网络连接的详细信息
4	使用 Microsoft Edge 浏览器上网	使用 Microsoft Edge 浏览器访问百度，进行网页浏览

将实训过程中遇到的疑点、难点及相应的解决方法和心得体会记录在表 5-1-3 中，并在组内分享和讨论。

表 5-1-3　经验和心得体会记录

序号	涉及的操作步骤	经验和心得体会

五、实训评价

实训任务完成后，以适当的形式在班级内展示学习成果，交流学习心得，并归纳、总结实训中的收获，纳入思维导图。

采用学生自评、学生互评与教师评价相结合的多元评价方式，按照表 5–1–4 所列评价要求完成实训评价。

表 5–1–4　实训评价表

序号	评价要求	分值 / 分	学生自评（占比 30%）	学生互评（占比 30%）	教师评价（占比 40%）
1	对实训任务的分析准确到位	10			
2	能检查网线连接状况是否良好	20			
3	能正确设置网络适配器	20			
4	能用两种方法查看网络连接信息	20			
5	能使用 Microsoft Edge 浏览器浏览网页	10			
6	能正确展示及解说学习成果	20			
综合得分		100			

六、实训拓展

在 Windows 10 中设置网络为自动获得 DHCP 地址，使用 Microsoft Edge 浏览器浏览百度图片，并下载一张图片到桌面上，如图 5–1–3 所示。

图 5–1–3　下载一张图片到桌面上

七、知识巩固与提高

1. Wi-Fi 是一种允许电子设备连接到无线局域网（WLAN）的技术，它通常使用（　　）的频段传输数据。

A. 1.8 GHz 或 5 GHz　　B. 2.4 GHz 或 5 GHz

C. 3.5 GHz 或 6 GHz　　D. 2.5 GHz 或 5 GHz

2. 当人们谈论家庭 Wi-Fi 连接时，通常指的是（　　）连接方式。

A. 有线　　B. 拨号

C. 无线局域网（WLAN）　　D. 广域网（WAN）

3. 在选择接入 Internet 的方式时，（　　）不是常见的接入方式。

A. ADSL 接入　　B. 光纤宽带接入

C. 卫星通信接入　　D. 无线连接

4. 在 Windows 10 中，打开网络适配器的设置功能以更改适配器配置的正确方法是（　　）。

A. 单击桌面左下角的“开始”菜单图标→“附件”→“网络适配器”

B. 打开控制面板，单击“网络和 Internet”→“网络和共享中心”→“更改适配器设置”

C. 在任务栏上右键单击网络图标，选择“更改适配器设置”

D. 先打开设备管理器，然后展开“网络适配器”

5. 在 Windows 10 中，打开内置杀毒软件（Windows Defender）的正确方法是（　　）。

A. 单击桌面左下角的“开始”菜单图标，选择“运行”，输入“regedit”，在注册表编辑器中修改相关设置

B. 先单击桌面左下角的“开始”菜单图标→“设置”按钮，“更新和安全”，再选择“Windows Defender”并启用防病毒功能

C. 右键单击桌面的空白处，选择“新建”→“Windows Defender”

D. 单击桌面左下角的“开始”菜单图标→“附件”→“Windows Defender”

实训任务 2　Microsoft Edge 浏览器的使用

一、实训任务介绍

小王是一名计算机专业的学生，近期需要搜集关于计算机发展历史的相关资料，作为课外拓展作业。这就需要他熟练使用 Microsoft Edge 浏览器，对计算机发展历史的相关信息进行快速的搜索和查找，图 5-2-1 所示是对计算机发展史进行检索的结果，具体要求如下：

- ➢ 使用 Microsoft Edge 浏览器浏览网页，正确查找相关信息。
- ➢ 将有使用价值的网页收藏。
- ➢ 浏览收藏夹内的网页并查看历史记录，筛选出与作业相关的内容。
- ➢ 对需要的网页进行保存。

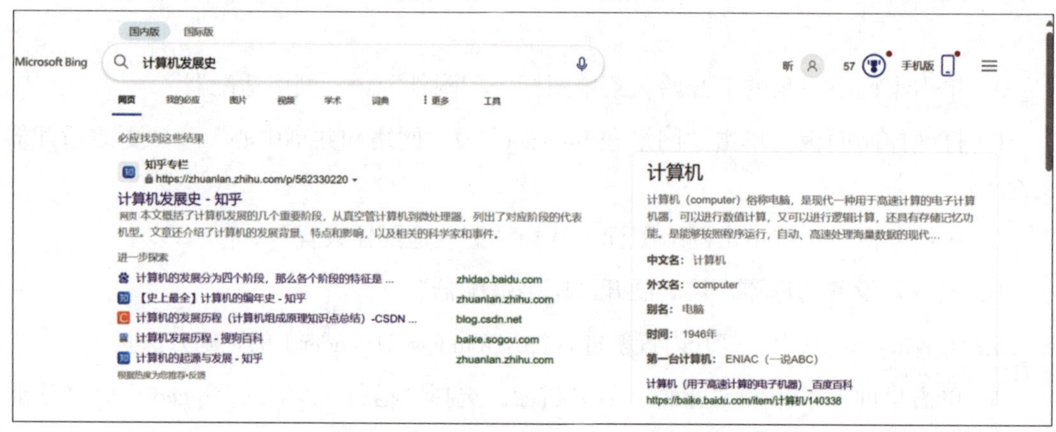

图 5-2-1　对计算机发展史进行检索的结果

二、实训任务分析

在开始任务前，按照图 5-2-2 所示思维导图复习教材中的知识点和技能点。在本任务中，需要先打开 Microsoft Edge 浏览器，在地址栏中输入“计算机发展史”等字样，再浏览所需要的网页。遇到自己需要或者要经常浏览的网页时，可以将其收藏或保存。

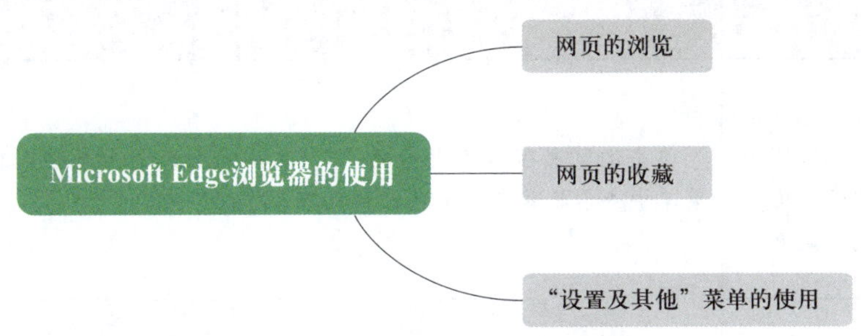

图 5-2-2 教材内容的思维导图

三、实训计划制订

根据任务分析，制订完成本实训任务的实训计划，填入表 5-2-1 中。

表 5-2-1 实训计划

序号	工作内容	所需时间

四、操作步骤提示

按照表 5-2-2 所列操作步骤提示完成本实训任务。

表 5-2-2 操作步骤提示

序号	操作步骤	内容
1	浏览网页	在 Microsoft Edge 浏览器的地址栏中输入要查询的内容，按 Enter 键即可跳转到相关网页
2	收藏网页	通过 Microsoft Edge 浏览器打开想要收藏的网页，单击网页地址栏右侧的五角星图标按钮收藏该网页

续表

序号	操作步骤	内容
3	使用 Microsoft Edge 浏览器中的“设置及其他”菜单	单击浏览器窗口右上角的“…”（设置及其他）按钮，在弹出的下拉菜单中查看收藏夹、历史记录和下载等
4	保存网页	单击浏览器窗口右上角的“…”（设置及其他）按钮，在弹出的下拉菜单中选择“更多工具”→“将页面另存为”，在“另存为”对话框中设置保存路径和类型等，单击“保存”按钮

将实训过程中遇到的疑点、难点及相应的解决方法和心得体会记录在表5-2-3中，并在组内分享和讨论。

表5-2-3　经验和心得体会记录

序号	涉及的操作步骤	经验和心得体会

五、实训评价

实训任务完成后，以适当的形式在班级内展示学习成果，交流学习心得，并归纳、总结实训中的收获，纳入思维导图。

采用学生自评、学生互评与教师评价相结合的多元评价方式，按照表5-2-4所列评价要求完成实训评价。

表 5-2-4　实训评价表

序号	评价要求	分值 / 分	学生自评（占比 30%）	学生互评（占比 30%）	教师评价（占比 40%）
1	对实训任务的分析准确到位	10			
2	能正确使用 Microsoft Edge 浏览器浏览网页	10			
3	能正确收藏网页	20			
4	能熟练使用“设置及其他”菜单	20			
5	能正确保存网页	20			
6	能正确展示及解说学习成果	20			
综合得分		100			

六、实训拓展

通过 Microsoft Edge 浏览器检索中国共青团的相关信息，包括团史、团歌等，并将相关网页保存到桌面上。

七、知识巩固与提高

1. 下列关于 Microsoft Edge 浏览器和 Internet Explorer（IE）浏览器的性能对比中，正确的是（　　）。

A. IE 浏览器无须考虑支持过时的技术

B. Microsoft Edge 浏览器和 IE 浏览器的性能相同

C. Microsoft Edge 浏览器在速度和性能方面通常优于 IE 浏览器

D. Microsoft Edge 浏览器只有特定任务的运行速度比 IE 浏览器快

2. 下列选项中，不属于 Microsoft Edge 浏览器特点的是（　　）。

A. Microsoft Edge 浏览器界面设计流畅自然，有助于提高浏览效率

B. Microsoft Edge 浏览器运行速度慢，经常卡顿

C. Microsoft Edge 浏览器具有个性化

D. Microsoft Edge 浏览器具有沉浸感

3. 下列选项中，不属于 Microsoft Edge 浏览器界面组成的是（　　）。

A. 地址栏　　　　B. 内容区域

C. 标签栏　　　　D. 内容拦截器

4. 在 Microsoft Edge 浏览器中，查看和管理已收藏网页的方法是（　　）。

A. 按 Ctrl+B 组合键

B. 单击浏览器窗口右上角的“…”（设置及其他）按钮，在弹出的下拉菜单中选择“收藏夹”

C. 在浏览器的标签栏中直接输入“收藏夹”并搜索

D. 在浏览器的地址栏中输入“收藏夹”并搜索

5. 在 Microsoft Edge 浏览器中，（　　）是收藏夹中的内容。

A. 用户下载的文件　　B. 用户最近关闭的标签页

C. 用户收藏的网页　　D. 用户搜索的历史记录